不做第一，只做唯一

最具魅力的職場特質

企業不是慈善機構，

「鐵飯碗」早已成為了傳說。

為了適應市場競爭並贏得競爭，它必須時刻保持著驚人的動力。

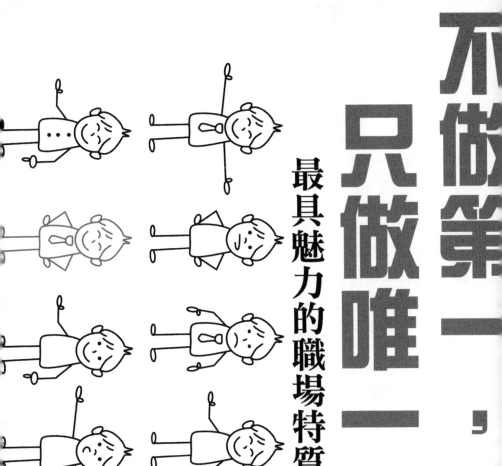

永續圖書線上購物網
讀品文化事業有限公司

www.foreverbooks.com.tw

yungjiuh@ms45.hinet.net

思想系列 70

不做第一，只做唯一：最具魅力的職場特質！

編　　著　顏宏駿
出 版 者　讀品文化事業有限公司
責任編輯　呂紹應
封面設計　姚恩涵
內文排版　王國卿

總 經 銷　永續圖書有限公司
TEL ／(02)86473663
FAX ／(02)86473660
劃撥帳號　18669219
地　　址　22103 新北市汐止區大同路三段 194 號 9 樓之 1
TEL ／(02)86473663
FAX ／(02)86473660
出 版 日　2018 年 02 月

法律顧問　方圓法律事務所　涂成樞律師
CVS 代理　美璟文化有限公司
TEL ／(02)27239968
FAX ／(02)27239668

國家圖書館出版品預行編目資料

不做第一，只做唯一：最具魅力的職場特質！
／顏宏駿編著.--初版. --
新北市 ： 讀品文化, 民 107.02
面； 公分. -- （思想系列：70）
ISBN 978-986-453-066-3 (平裝)
1. 職場成功法
494.35　　106023844

CONTENTS

PART 1

公司要的是價值，而不是眼中釘

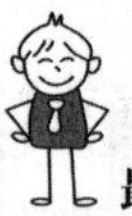

不做第一，只做唯一

最具魅力的職場特質

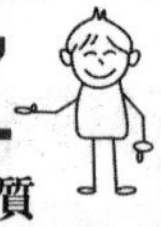

目錄

PART 2 不要幻想那些似是而非的安全

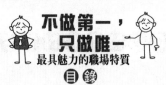

CONTENTS

PART 3 可利用才能被錄用

不做第一，只做唯一

最具魅力的職場特質

目錄

PART 4 才幹並不能通吃一切

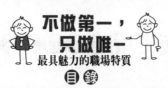

CONTENTS

PART 1

公司要的是價值，而不是眼中釘

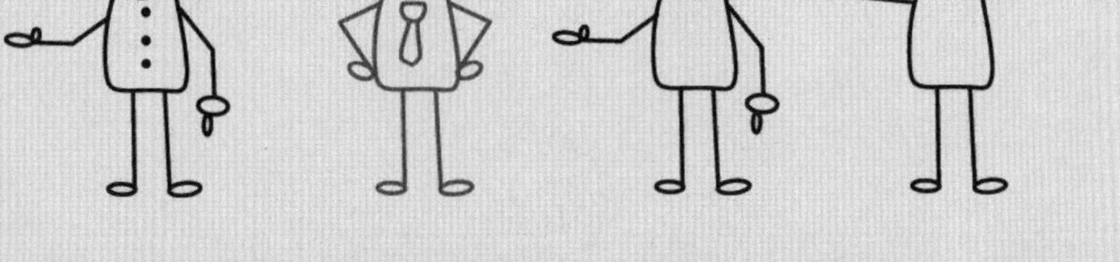

01

聘用你，是因爲你能滿足需求

職場大補帖

企業就是一台利潤機器，每個員工都只是上面的一個零件。每個零件的位置、作用及功能都是被設計好的。企業對你的終極期望也就是：做好最需要做的事情。

著名企業家奧·丹尼爾在他那篇著名的《企業對員工的終極期望》一文中這樣說道：

「親愛的員工，我們之所以聘用你，是因為你能滿足我們一些緊迫的需求。

如果沒有你也能順利滿足要求，我們就不必費這個勁了。我們深信需要一個擁有你那樣的技能和經驗的人，並且認為你正是說明我們實現目標的最佳人選。於是，我們給了你這個職位，而你欣然接受了。謝謝！」

「在你任職期間，你會被要求做許多事情：一般性的職責，特別的任務，團隊和個人項目。你會有很多機會超越他人，顯示你的優秀，並向我們證明當初聘用你的決定是多麼明智。」

「然而，有一項最重要的職責，或許你的上司永遠都會對你祕而不宣，但你自己要始終牢牢地記在心裡。那就是企業對你的終極期望——永遠做非常需要做的事，而不必等待別人要求你去做。」

這個被丹尼爾稱為終極期望的理念蘊含著這樣一個重要的前提：企業中每個人都很重要。作為企業的一分子，你絕對不需要任何人的許可，就可以把工作做得漂亮出色。無論你在哪裡工作，無論你的老闆是誰，管理階層都期望你始終運用個人的最佳判斷和努力，為了公司的成功而把需要做的事情做好。

儘管這聽起來有點奇怪，但事實是，每一個老闆要找的人基本上是同一種類型；即那些能夠不等老闆吩咐就可以出色主動地完成任務的人。當然，不同的老闆的需求因人而異，正如他們所招聘的員工的技能各不相同，但是從根本上說，他們要找的是同一種人。那些能沉浸在工作狀態中、獨立自主地把事情做好的員工。無論他們的背景、訓練或技能如何，都將會成為老闆需要的人。

詹森在洛勒菲勒石油公司從事倉庫管理員工作，剛開始時，他對手頭上的工作興趣不大，但他不斷告誡自己，務必培養這方面的興趣，不管以後怎麼樣，至少不要讓自己在工作中感到無聊、煩悶，要以愉快的心情在工作中等待更好的機會。不過，洛克菲勒石油公司在美國是有名的大公司，員工有好幾萬人，要想出人頭地是有相當難度的。

然而，詹森並不為現在的這份工作而無精打采，而是抓住一切機會，想盡辦法把工作做得更完美。詹森認為，要想在這個崗位上突出自己，就要讓上司知道他每天都在做些什麼，要做公司和老闆需要的事情，否則就不可能有機會被賞識、被重用。

有了這個想法之後，詹森為自己制定了幾個工作要點：

第一，每天都列表呈報物料的變動情況，並用紅線標示接近儲存量最低點的產品，提醒上司注意。

第二，單獨清單呈報低於規定儲存量的產品，以表示存貨不足。

第三，存貨過多的產品，也單獨呈報，讓上司檢討、反思。

第四，標示出幾個月或長期沒有進、出口的滯銷產品。

就這樣，經過詹森的一番精心設計，原來靜態的倉庫管理工作變得動態起來，而且也引起了上司的注意。

儘管倉庫管理員這個崗位比較不容易表現，但幾年來，詹森一直都在竭盡全力表現自己，以期望給上司留下好印象。最終，詹森用他認真負責的工作態度贏得了上司的賞識和嘉獎，成為了公司的幹部。

由此可見，一個不把問題留給老闆的員工，應當清楚老闆和企業對於員工的終極期望是什麼，他要非常明確地知道自己在做什麼，並且知道這麼做會給別人帶來什麼，也會給自己帶來什麼，他們對自己的責任有明確的認識，無論在什麼時代，他們都是老闆心中最期待的員工。

和詹森一樣，在新加坡一家五星級酒店裡任職的維嘉小姐，也是一個能夠主動去做公司需要的事的優秀員工。

有一天下午兩點鐘，酒店咖啡廳裡來了四位客人，他們拿著資料，非常認真地討論著問題。但從兩點半開始，咖啡廳裡的客人越來越多，聲音越來越嘈雜。這時，在酒店當班的維嘉小姐碰巧走過那四位客人身邊，她聽見其中一位客人正大聲的說：「什麼？你再說一遍，這裡太吵了，我聽不清楚！」

照理來說，這件事與服務小姐是沒有關係的，而且是客人自願選擇在人聲吵雜的咖啡廳談論事情，酒店也沒有什麼責任。但是，維嘉小姐想到了在公司工作就要盡職盡責，關心每位顧客是每一名員工都應當去做的事情。於是，她拿起電話打給客服部經理，詢問還有沒有空房間，以便暫時借給這四位客人用一下，客服部立即免費提供了一間客房。

兩天後，酒店總經理收到四位客人寫的一封感謝信：

「感謝貴酒店前天提供的服務，讓我們簡直是受寵若驚了，也讓我們體會到了什麼是世界上最好的服務。能擁有如此優秀的員工，是貴酒店的驕傲。我們四個人是貴酒店的常客，現在，除了我們永遠會成為貴酒店最忠實的顧客之外，我們所屬公司以及海外的來賓，亦將永遠為貴酒店廣為宣傳。」

詹森、維嘉小姐的出色表現，告訴了員工應當怎樣做才能夠不把問題留給老闆。如果公司的員工只做老闆吩咐的事，老闆沒交代就被動敷衍，無法獨立、主動地開展自己的工作，主動去做公司需要的事，那麼這樣的公司是不可能長久的，這樣的員工也不可能有大的發展。

對於許多領域的市場來說，激烈的競爭環境、越來越多的變數、緊張的商業節奏都要求員工不能事事等待老闆的吩咐。那些只依靠員工把老闆交代的事做好的公司，就好比站在危險的流沙上，早晚會被淘汰。

如果拿你所在的公司和眾多的競爭者比較一下，你就會發現從產品到服務、從技術水準至銷售管道和行銷戰略，各個公司之間無不大同小異。那麼，在眾多的經營要素中，是什麼決定了一家公司蒸蒸日上而另一家公司卻步履維艱呢？那就是員工——在工作中有主見，勇於承擔責任，主動去做需要的事，不把問題留給老闆的員工。

如今，上級和下屬之間壁壘森嚴、涇渭分明的關係模式早已過時。今日的工作關係是一種夥伴關係，是置身於其中的每一分子都要積極參與的關係。在工作或者商業的本質內容發生迅速變化的今天，坐等老闆指令的人將越來越不受歡迎，他們必須積極主動，主動去做需要的事。

員工比任何人都清楚如何改進自己的工作，沒有人比他們更瞭解自身工作中的問題，以及他們為主提供服務的顧客需求。他們所擁有的第一手資料和切身體驗是大多數高層管理人員欠缺的，後者離問題太遠，只能從報告中推斷出大致的情況。只有各個層級的員工保持熱忱，隨時思考自己如何把工作做得更好，主動去做公司需要的事，公司才能對顧客的需求有更好、更及時的回應。

02 勇於擔當的人，才能脫穎而出

職場大補帖

公司將你招進來不是為了擺設，不是為了湊數，而是為了解決問題，尤其在關鍵時候更需要你敢於擔當。無數次事實證明，勇於擔當的人更容易在職場獲得成功。

面對工作中的任務，無論是大小、難易，在公司需要的時候你能夠挺身而出，那麼工作中的每一次任務都可能成為你脫穎而出的機會。

公司在經營上時常會出現一些意外的問題，有一些迫在眉捷的任務需要馬上執行，這時候你就要在知道自身能力的情況下，挺身而出，幫老闆解決所遇到的問題或困境。不要在心裡說：「反正不是我的事，再說還有別人，我幹嘛要強出頭做這些吃力不討好的事。」不要以為自己現在還處於公司最低層就人卑言輕，不敢去做，猶豫徘徊。任務面前每個人都是英雄。如果你能夠發揮捨我其誰，勇於擔當主人翁精神，那麼你很快就能夠脫穎而出，為自己贏得發展的機遇。

戰國時期，有一次秦國攻打趙國，把趙國的都城邯鄲圍困起來。在這危急關頭，趙王決定派自己的弟弟平原君趙勝，代替自己到楚國去，請求楚國出兵抗秦，並和楚國簽訂聯合抗秦的盟約。

到了楚國，平原君獻上禮物，和楚王商談出兵抗秦的事。

可是談了一天，楚王還是猶豫不決，沒有答應。這時，站在台下的毛遂手按劍柄，快步登上會談的大殿。毛遂對平原君說：「兩國聯合抗秦的事，道理是十分清楚的。為什麼從日出談到日落還沒有個結果呢？」

楚王聽了毛遂的話很不高興，就斥責他退下去。

但毛遂不但不害怕，反而威嚴地走近楚王，大聲地說：「你們楚國是個大國，理應稱霸天下，可是在秦軍面前，你們竟膽小如鼠。想從前，秦軍的兵馬曾攻佔你們的都城，並且燒掉了你們的祖墳。這奇恥大辱，連我們趙國人都感到羞恥，難道大王您忘了嗎？再說，楚國和趙國聯合抗秦，也不只是為了趙國。我們趙國滅亡了，楚國還能長久嗎？」

毛遂這一番話義正辭嚴，使楚王點頭稱是，於是就簽訂了聯合抗秦的盟約，並出兵解救了趙國。平原君回到趙國後把毛遂尊為賓客，並且很重用他。

同樣的，在公司發展的關鍵時候，你也一定要像毛遂那樣敢於挺身而出，該出手時就出手，為老闆分擔風險，幫助老闆渡過難關。公司經營難免會遇到一些始料未及的問題，這時如果你能夠主動擔起任務，為公司解除難題，你將贏得其他同事的尊敬，更能得到老闆的信任和器重。

麗萍是一家連鎖餐飲集團公司的普通營業員，因為平時工作表現良好，還曾多次被評選為最佳店員。有一次，這家連鎖店裡突然發生了一起意外事件，一位食客在進餐時突然倒地，四肢抽搐，口吐唾沫。

眾人一時紛紛懷疑是食品中毒，甚至有人拿起電話通知報社和電視台。在這關鍵時刻，麗萍鎮定自若，一方面指揮其他店員撥打急救電話，一方面竭力安撫顧客，保證不是食物中毒。她告訴大家，食物絕對沒有毒，並當場吃下很多飯菜。

為了防止謠言擴散，她還請求大家等待救護車的到來，由醫生評判。不久，救護車來了，經驗豐富的醫生告訴大家，所謂「中毒」的顧客實際上是「癲癇」發作，大家盡可放心。

由於麗萍勇敢而機智地避免了一場危機的上演，受到上司的高度讚揚，不久，她就被升任為店長。

一個年輕人要想成功，在關鍵時刻必須要像麗萍那樣能夠挺身而出，這樣才能抓住成長中的機遇。勇於擔當可以讓一個職務低微，毫無背景的員工成為老闆眼中的「重磅人物」。

泰旭是一名剛出校園的大學生，他到一家鋼鐵公司工作還不到一個月，就發現很多煉鐵的礦石並沒有得到充分地冶煉，一些礦石中還殘留著沒有被冶煉充分的鐵，再這樣下去的話，公司會有很大的損失。

於是，他找到了負責這項工作的工人，跟他說明了問題，這位工人說：「如果技術有了問題，工程師一定會跟我說，但現在還沒有哪一位工程師向我報告，這表示現在沒有問題。」

泰旭又找到了負責技術的工程師，對工程師說明了他看到的問題。

工程師很自信地說：「我們的技術是一流的，怎麼可能會有這樣的問題？」工程師並沒有把他說的看成是一個很大的問題，還暗自認為，一個剛剛畢業的大學生能懂多少，不會是因為想博得別人的好感而想表現自己吧。

但是泰旭認為這個問題很大，於是拿著沒有冶煉充分的礦石找到了公司負責技術的總工程師，他說：「先生，我認為這是一塊沒有冶煉充分的礦石，您認為呢？」

總工程師看了一眼，說：「沒錯，年輕人你說得對。哪來的礦石？」

泰旭說：「是我們公司的。」

「怎麼會，我們公司的技術是一流的，怎麼可能會有這樣的問題？」總工程師很詫異。

「工程師也這麼說，但事實確實如此。」泰旭堅持道。

「看來是出問題了。怎麼沒有人向我反映？」總工程師有些發火了。

總工程師召集負責技術的工程師來到車間，果然發現了一些冶煉並不充分的礦石。經過檢查發現，原來是監測機器的某個零件出現了故障，才導致了冶煉的不充分。

公司的總經理知道了這件事之後，不但獎勵了泰旭而且還晉升他為負責技術監督的工程師。總經理不無感慨地說：「我們公司並不缺少工程師，但缺少的是負責任的工程師，這麼多的工程師都沒有一個人發現問題，當有人提出了問題，他們還不以為然。對於一個企業來講，人才是重要的，但是更重要的是真正有責任感和忠誠於公司的人才。」

泰旭從一個剛畢業的大學生晉升為負責技術監督的工程師，可以說是十分好運，他獲得工作之後的第一步成功，就是來自於他對工作的一種強烈的責任感，他的這種責任感讓上司認為可以對他委以重任。

職場中每一次任務都是一次機遇。如果你能夠認清自己的使命，勇於負責，在公司和老闆需要的時候挺身而出，承擔起重任，那麼隨著工作中一個個任務的完成，你也必定能夠一步步地接近成功。

03 全力以赴才能成爲最好

職場大補帖

工作無小事。我們要做好自己的工作，就要充分重視每一個細節，做好每一個細節。老子曾言：「天下無難事，必成於易；天下大事，必做於細。」

細節到位，成功才會有堅實的基礎。就拿接待客戶這件事來說吧，它是企業日常運作中的一項普通而重要的工作，對客戶的接待遠不是接機、安排旅社、帶領參觀這麼簡單，真正的優秀員工在接待客戶的時候，會看到那些平常被人們忽略的瑣碎工作，而這些細節工作做好了，不但能使普通的接待工作更具人性化，而且還常常會發生一些令人意想不到的神奇效果。

一名法國人到台北參加一場商務會談，入住在一家五星級的酒店。當這個法國人早晨從房間出來準備吃早餐，一名漂亮的服務小姐微笑著和他打招呼：「早安，史密斯先生。」法國人感到非常驚訝，他沒料到這個服務員竟然知道他的名字。

服務員解釋說：「史密斯先生，我們每一層的當班服務員都要記住每一個房間客人的名字。」法國人一聽，非常高興。

在服務員的帶領下，法國人來到餐廳用餐。用過一頓豐盛的早餐後，服務員又端上了一份酒店免費奉送的小點心，法國人對這盤點心很好奇，因為它的樣子太怪了，於是問了站在旁邊的服務員：「中間這個綠色的東西是什麼？」那個服務員看了一眼，後退一步並做了解釋。當客人又提問時，她上前又看了一眼，再後退一步才作回答。原來這個後退一步就是為了防止她的口水會濺到食物上，法國客人對這種細緻的服務非常滿意。

幾天以後，當法國客人處理完公務退房準備離開酒店時，服務員把單據折好放在信封裡，交給這位客人的時候說：「謝謝您，史密斯先生、真希望不久就能第三次再見到您。」原來，這位客人在半年前來台北時住的就是這家酒店，只不過上次只住了一天，所以對這個服務員沒什麼印象，誰知她居然還能記得。

後來，這位法國客人又多次來到台北，當然，他每次一定會入住這家酒店，而那位服務員的服務依然是那麼細緻入微。當這個法國人最近一次入住這家酒店時，發現當年的那位服務員現在已經是酒店的客房部經理了。

這位服務小姐的成功就在於對細節的注重，這不僅給公司帶來了大筆的生意，也為她自己的發展創造了機會。

喬吉拉德是家汽車公司的區域代理，他每年所賣出去的汽車比其他任何經銷商都多。甚至銷售量比第二位要多出兩倍以上，在汽車銷售商中，實屬鶴立雞群。當有人問及喬吉拉德成功的祕訣時，他坦言相告：「我每個月要寄出一千張卡片。有一件事許多公司沒能做到，而我卻做到了，我對每一位客戶建立了銷售檔案，我相信銷售真正始於售後，並非在貨物尚未出售之前……顧客還沒踏出店門之前，我就已經寫好謝謝惠顧的短信了。」

喬吉拉德每個月都會給客戶寄一封不同格式、顏色信封的信（這樣才不會像一封「垃圾信件」，還沒有被拆開之前就被扔進垃圾筒了。），顧客們打開信看，信一開頭就寫著：「我喜歡您！」接著寫道：「祝您新年快樂，喬吉拉德敬賀。」二月他會寄一張「美國國父誕辰紀念快樂」的卡片給顧客……顧客們都很喜歡這些卡片。

喬吉拉德自豪地說：「我為所有的顧客都建立了檔案，我會根據他們的興趣、愛好的不同，分別寄出不同的卡片給他們。而且，寄給同一個客戶的卡片中，也絕不會有雷同的卡片。」喬吉拉德經由這些細緻的工作，贏得了良好的口碑和很多回頭客，而且許多顧客還會介紹自己的朋友來喬吉拉德這裡買車。

應當強調指出，喬吉拉德的這些做法絕不是什麼虛情假意的噱頭，而是一種愛心、一種責任感、一種高明的銷售技巧的自然流露，更是把事做到位、做到細節上的具體展現。

喬吉拉德說，「真正出色的餐館，在廚房裡就開始表現他們對顧客的關切和愛心了。當顧客出現問題和要求時，我會盡全力提供最佳服務……我必須像個醫生一樣，他的汽車出了毛病，我會為他感到難過，我也會全力以赴地去幫他修理。

我見到老顧客如同見到老朋友一樣自然，我要瞭解他們，至少不會一無所知。但是如果沒有檔案的說明，在重見他們時我肯定會像與陌生人頭一回見面一樣，重複一些不必要的麻煩，心裡的距離感也會拉大，這將不利於我的銷售工作。」

如果你正在為留住客戶而感到有些力不從心，你是否也試著從一些細節入手？雖然寄卡片是一件很小的小事情，但它卻給吉拉德帶來了巨大的利益，不但讓他成為了銷售的榜樣，更使他成為名震世界的推銷之神！一名稱職的員工在工作的時候，應當像喬吉拉德和那位漂亮的服務小姐一樣，專注於每一個細節，把事情做得滴水不漏。

可能有人會說，成大事者不拘小節。在他們眼裡只會看到一些重要的事情，覺得那些小事根本沒有意義。其實不然。試想，如果你連小事都做不好，又怎麼可能把大事做好呢？

有一家著名的實驗小學招聘教師，經過一輪競爭之後，剩下了幾位應聘者，校方決定透過試講來從他們中選擇一位。

在講課前，這幾位試講者都做好了精心的準備。鈴聲響了，應聘者分別微笑著走上了講台，互相致意後，便導入新課，講授正文。最後輪到一位年輕人因為緊張，他事先設計好的許多環節都沒有做好，學生們的反應也很平淡。

講完之後，這位年輕人有些心灰意冷，他感覺自己和其他競爭者相比之下沒有留下來的可能性。誰知，第二天他卻接到了錄取的通知。驚喜之餘，他問校長為什麼選中了他。

「說實話，論那節課的精采程度，你確實稍遜其他人一籌。」校長微笑著說，「不過，在課堂提問時，你叫的是學生的名字，而他們都叫學號或用手指。試想，我們怎能錄用一個不願去瞭解和尊重學生的教師呢？」

努力記住學生的名字，在講課時叫學生的名字而不是學號或用手指，這雖然是一件小事，卻反映了講課者對學生的尊重。

每個人所做的工作，都是由一件件小事構成的，因此對工作中的小事不能採取敷衍應付或輕視懈怠的態度。很多時候，一件看起來微不足道的小事，或者一個毫不起眼的變化，卻能實現工作中的一個突破，甚至改變商場上的勝負。

所以，在工作中，對每一個變化，每一件小事我們都要全力以赴地做好。

04 會表現的人，才能會被重用

職場大補帖

每一個人都應該慶幸自己是世上獨一無二的，應該把自己的稟賦發揮出來。但是不可忽視的一種職場現實是：如果無法恰當地表現，實力有可能遭人妒忌，成為隱患。

千萬不要把你自己淹沒在人群中，或者躲在被人們遺忘的角落裡。站出來吧！不惜一切代價也要讓自己閃耀奪目。把你自己裝扮得比那些乏味的人和膽小的人看上去更加大氣、更加光彩照人，更加神祕，然後出現在公眾面前，像磁鐵一樣吸引各方的注意。

有一匹千里馬，身材非常瘦小，牠混在眾多馬匹之中，黯淡無光，主人不知道牠有與眾不同的奔跑能力，而牠也不屑表現，牠堅信伯樂會發現牠的過人之處，改變牠被埋沒的命運。

有一天，牠真得遇到了伯樂。這位「救星」來到千里馬面前，拍了拍馬背，要牠跑跑看。千里馬激動的心情像被潑了盆冷水，牠想，真正的伯樂一眼就會相中我，為什麼不相信我，還要我跑給他看呢？這個人一定是冒牌！千里馬傲慢地搖了搖頭。伯樂感到很奇怪，但時間有限，來不及多做考察，只得失望地離開了。

又過了許多年，千里馬還是沒有遇到牠心中的伯樂。牠已經不再年輕，體力越來越差，主人見牠沒什麼用，就把牠殺掉了。千里馬在死去的一剎那還在哀歎，不明白世人為什麼要這麼對待牠。

千里馬的一生非常悲慘，「懷才不遇」，終年混跡於平庸之輩中，普通人無法看出牠的不凡之處，伯樂也錯過了提拔牠的機會。但是，造成這種悲劇的是誰呢？是牠的主人嗎？是伯樂嗎？都不是。千里馬應該反省自身，假如牠能夠抓住機遇，勇敢地站出來，表現出自己的與眾不同的優秀品質來，假如牠能讓自己比那些平庸的凡馬顯得更高貴、更光彩，假如在伯樂面前牠能不顧一切地奔跑，用速度與激情證明自己的實力，那麼，牠早就可以離開那個狹窄的空間，到屬於自己的廣闊天地盡情施展，做出一番大事業了。

有句俗話叫「酒香不怕巷子深」，不知誤了多少英雄。這句話本身就是荒謬的，要有多麼濃郁的芳香才能從深巷裡傳入人們的鼻端呢？又有多少人能夠靜下心來尋找這芳香的源頭呢？只怕最終也不過落得個「長在深巷無人識」。那些慨歎懷才不遇的人，不知何時才會醒悟，有能力就要表現出來，有本事就要發揮出來，不吭聲、不動作，誰會知道你胸中的萬千丘壑，誰會將你這匹千里馬從馬群中挑選出來呢？

不擅長表現自己是很多人的共同特點，我們總是滿懷希望地等著，等著伯樂從遠方來發現我們，提拔我們。只可惜千里馬常有，而伯樂不常有。並不是所有領導人、上司都獨具慧眼，將機會拱手送上。在你做白日夢的時候，別的千里馬，甚至是九百里馬、八百里馬們早就迎風疾馳，令眾人矚目，獲得了展示自己的舞台。

一切靠你自己主動，美好的東西不會主動跑到你面前來，就算天上掉下餡餅，也要你主動去撿，而且你還必須搶先別人一步。金子如果被埋在土裡就永遠不會閃光，如果要閃光只有兩種可能：一種是被礦工僥倖發掘，而這種幾乎等於不可能；另外一種是透過自己的力量破土而出。如果你努力，如果你是真金，這種可能幾乎等於必然。

有實力還要會表現。一個人要想獲得成功，就必須善於表現自己。一個有才幹的人能不能得到重用，很大程度上取決於他能否在適當的場合展現自己的本領，讓他人全面認識自己。如果你身懷絕技但藏而不露，他人就無法瞭解，到頭來也只能是空懷壯志、懷才不遇了。

而那些善於表現自我的人總是不甘寂寞，喜歡在人生舞台上唱主角，尋找機會表現自己，讓更多的人認識自己，讓「伯樂」選擇自己，使自己的才幹得到充分發揮。

在現代職場，沒沒無聞、埋頭苦幹的人，不一定能夠得到重用。一個成功的人，不僅僅擁有雄厚的實力，還要會表現自己，這樣才有機會脫穎而出。

絕大多數人都有自己的理想和目標，但人生的第一步是必須學會醒目地亮出自己，為自己創造機會。這是一種觀念：是主動出擊還是被動選擇？其實，這在很大程度上決定著你的成功與否。

05 讓自己在職場上不可被替代

職場大補帖

在職場上，如果你不是老闆，那麼對你而言最重要的事情不是工作，而是將自己變得不可替代。這是你存在於組織之內、獲得提升和較高薪水的唯一基礎。

拿破崙・希爾曾經聘用了一位年輕的小姐，替他拆閱、分類及回復他的大部分私人信件。當時，她的工作是聽拿破崙・希爾口述，記錄信的內容。她的薪水和其他從事相類似工作的人大致相同。有一天，拿破崙・希爾口述了下面這句格言，並要求她用打字機把它打下來：「記住，你惟一的限制，就是你自己腦海中所設立的那個限制。」

當她把打好的紙交給拿破崙．希爾時，她說：「你的格言使我獲得了一個想法，對你、對我都很有價值。」這件事並未在拿破崙．希爾腦海中留下特別深刻的印象。

她開始在用完晚餐後回到辦公室來，並且從事不是她分內而且也沒有報酬的工作，並開始把寫好的回信送到拿破崙．希爾的辦公桌來。她已經研究過拿破崙．希爾的風格。因此，這些信件回得跟拿破崙．希爾自己所能寫的完全一樣，有時甚至更好。

她一直保持著這個習慣，直到拿破崙．希爾的私人祕書辭職為止。當拿破崙．希爾開始找人來遞補這位祕書的空缺時，他很自然地想到這位小姐。因為在拿破崙．希爾還未正式給她這項職位之前，她已經主動地「接收」了這項職位。由於她在下班之後，以及沒有支領加班費的情況下，對自己加以訓練，終於使自己有資格出任拿破崙．希爾屬下人員中最好的一個職位。

而且不僅如此，這位年輕小姐的辦事效率很高，所以拿破崙・希爾已經多次提高她的薪水，她的薪水已是她當初來這裡當一名普通速記員薪水的四倍。她還能從容應付拿破崙・希爾交給她的一些「意外」的工作，並讓拿破崙・希爾滿意。她使自己變得極有價值，因此，拿破崙・希爾不能失去她這個幫手。

在職場上，讓自己不可替代是優秀員工的一種境界。

一個獵人養了兩隻狗，一隻是幫忙打獵的獵犬，一隻則是在家看門的家犬。獵犬每天跟著主人外出上山打獵，四處尋找獵物，有時還要和兇猛的獵物搏鬥，即便最輕鬆的時候——去把獵人射中的獵物叼回來，也需要來回地跑。這樣，一天下來很累。遇上主人高興的時候，就會把野雞或者是野兔比較不好的一部分丟給自己，要是運氣不好，沒有什麼收穫的時候，獵人就會把獵犬當做出氣筒，輕則斥罵，重則踢打。

雖然獵人有些脾氣，但是他卻對家犬卻很不錯，每次總會把獵犬捕獲的獵物分給家犬一些，只有多不會少。這種情況持續了很長一段時間，獵犬覺得很生氣，為什麼家犬成天守在家裡，大門不出二門不邁，卻都能坐享其成，而自己累死的半死不活，有時候還要忍氣吞聲。

有一天，獵犬忍不住向家犬抱怨：

「我和你同樣是狗，但是你卻靠我的工作來生活，而我卻要靠為別人工作養活自己。為什麼這麼不公平呢？」

家犬回答牠說：「主人少了我半天都不行，因為他所有的家當和財富都需要我看管，但是沒有你，充其量他得到的獵物少一點。從這一點來說，我比你更加重要，雖然我的工作比你輕鬆，但是我的工作誰都無法替代。」

所以，提升自己的價值，試著做一名不可替代的員工吧。

在紐約萬德畢爾飯店有一名叫珍妮的女侍者，凡是她服務過的顧客，都會對她留下深刻的印象。

珍妮在飯店的更衣室工作，她的工作是保管顧客在用餐前放在更衣室的外衣、圍巾或是帽子之類的東西。

許多顧客都對她的工作方式表示驚訝，因為珍妮從來不像別的保管物件的侍者那樣，發給她的顧客一個小小的號碼牌，一個小小的麻煩和累贅之物。當客人好奇地問她時，她總是笑容可掬地說，她不需要發牌子，因為她記得她服務的每一位客人。

珍妮經常要同時照看兩百多位客人的衣帽，當客人用餐完畢，走進更衣室領取衣帽時，珍妮總是能準確無誤地拿出那個人的衣帽，並恭敬地還給他。假如有人曾經介紹過自己的姓名，珍妮也能毫不猶豫地說出那人的名字，而且，當她下次再見到他時，她依然能輕鬆地叫出對方的名字，就像見到老朋友一樣。

曾經有好奇的顧客問過飯店經理，飯店經理證明，珍妮在更衣間工作的十五年裡，沒有發生過一次失誤。

這真是一個了不起的記錄！假如按每天保存一百頂帽子來計算，十五年來經過珍妮保管的帽子就有幾十萬頂——珍妮創造了一項奇蹟。

可見，只有擁有別人所沒有的本領，才能讓自己不可替代。

斯特是美國一家電子公司很有名的工程設計師。這家電子公司只是一個小公司，時刻面臨著規模較大的比利孚電子公司的壓力，處境很艱難。

有一天，比利孚電子公司的技術部經理邀斯特共進晚餐。在飯桌上，這位經理問斯特：「只要你把公司裡最新產品的資料給我，我會給你很好的回報，怎麼樣？」

一向溫和的斯特聽完憤怒了：「不要再說了！我的公司雖然效益不好，處境艱難。但我絕不會出賣我的良心做這種見不得人的事，我不會答應你的任何要求。」

「好，好，很好。」這位經理不但沒生氣，反而頗為欣賞他。

不久，發生了令斯特很難過的事，他所在的公司因經營不善而破產。斯特失業了，一時又很難找到工作，只好在家裡等待機會。過沒幾天，他突然接到了比利孚公司總裁的電話，要他去一趟總裁辦公室。

斯特百思不得其解，不知「老對手」公司找他是為什麼。他疑惑地來到比利孚公司，出乎意料的是，比利孚公司總裁熱情地接待了他，並且拿出一張正式的聘書——要邀請斯特到公司當「技術部經理」。

斯特嚇一跳，喃喃地問：「你……為什麼這樣相信我？」

總裁哈哈一笑說：「原來的技術部經理退休了，他向我說起了那件事並且還特別推薦你，小夥子，你的技術水準是出了名的，但你的正直更是讓我佩服，所以你是值得我信任的那種人！」後來，斯特憑著自己的技術和理論水準，成為了一流的職業經理人。

可見，在職場中過人的技能本領尤為重要。讓自己不可替代，是保持自己職場常青的祕訣之一。

06

「聽話照做」不是扼殺個性

職場大補帖

每個人都只是企業這台商業機器上的一枚螺絲釘。這就決定了你必須安於自己的位置，並時刻滿足組織對自己的需要。這就需要你要做到三點：簡單、聽話、照做。

任何渴望成功的人，對陳安之的名字不會生疏。他的經歷充滿傳奇色彩，十二歲隨親戚到美國讀書，開始邊工作邊讀書。他曾經做過十八份工作，賣過菜刀，賣過汽車，賣過巧克力，當過餐廳服務員……可是他的存款還是為零。

二十一歲時，陳安之的人生發生改變，他遇到人生中的第一位恩師——世界潛能激勵大師安東尼·羅賓。老師的一句話改變了陳安之的命運：「這個世界上賺錢的行業很多，但是沒有哪一個行業可以比得上幫助別人成功和幫助別人改變命運更加有價值、更有意義。」從此，陳安之立下了「以最短的時間幫助最多人成功」的志向，他的個人特長、優勢和強烈的事業心也由此得到充分的展示。

陳安之決定把自己在海外學到的所有成功學知識，毫無保留地告訴每一個人，希望更多人掌握先進的成功學知識。一時間，陳安之的著作、錄音、培訓課程都引起了人們的極大關注，他也迅速紅遍大江南北。在銷售人員口中，在中小學生的故事中，在企業員工的文章中，都可以感受到陳安之帶來的激勵，他成了家喻戶曉的人物。

陳安之時常教導學生要「聽話照做」、「成功者做什麼，你也做什麼」。陳安之認為，模仿成功者，是成功最重要的方法。向成功人士學習成功經驗，一定會比自己一個人慢慢摸索成功得更快。

聽話照做的意思就是別人說什麼，你就做什麼；別人怎麼說，你就怎麼做，這其實就強調模仿的重要性。模仿是一個人從小就在使用的本領，小時候學說話是模仿大人，學走路也是模仿大人；學游泳需要模仿，學開車需要模仿，學做銷售需要模仿，學做生意也需要模仿。任何動作，你要想做好，最快的方法、最重要的方法就是去模仿，而且是模仿成功者。你一定要做得和對方一樣好，你才有可能成功。

陳安之認為，成功學的核心原理是複製成功。成功是一種客觀現象，有規律可循，有方法可依。找到已經獲得成功結果的實例，分析成功的過程、機制，總結出這個實例的方法，那麼這個方法就有普遍意義，只要重複這個方法，必然有特定的成功結果出現，這就是複製成功。

成功一定有方法，我們生活在實在的世界裡，周圍所見所聞的成功事例是實在的事例，我們的世界是客觀的、可解釋的，所以必然存在確實的過程，導致我們所看到的結果。這也是聚成一直堅持「聽話照做」的合理性所在，它不是扼殺個性，而是在初涉某一領域時，達到一定目標的前提。同時，指揮者一定指明了要達到目標的手段和步驟。

一般人覺得「成功」是一種神祕現象，把別人的成功歸結於一種偶然機遇，卻沒有去認真總結他成功的規律，甚至歸於宿命，覺得成功的人就是成功。事實上成功者都有方法，只不過他的方法不一定被別人知道。我們都知道，學習有學習方法，工作有工作方法，做生意有生意經。許多人把成功看得那麼神祕不可測，是因為成功過程涉及的因素實在太多，範圍太廣，好像「摸不到」規律。當重現構成成功結果的每一必要因素時，成功就必然出現。

成功者之所以成功，是因為他在適當的時候、適當的地點具備了成功的必要因素。陳安之就是不斷模仿、學習其他權威人士的經驗而成功的典型。他在講課的時候，時常告訴學員：「成功有三個條件，請立刻把它寫下來。」有史以來，所有成功都具備這三個條件，任何一個領域都一樣。

「成功第一個條件，就是擁有強烈的企圖心。」他說。

學員們覺得很有道理，紛紛表示：「是的，企圖心。對！對！對！寫下來！」

陳安之說：「你看看你周圍的人，當他比你更成功的時候，他的企圖心是不是比你更強烈？」

學員說：「是的。那麼第二點是什麼？」

陳安之回答：「第二點，一個人他之所以會成功，是因為他擁有強烈的企圖心。」

結果學員都愣住了：「老師，你剛才不也是這樣講嗎？」

陳安之說：「是的，成功的第二點就是要有強烈的企圖心。」

當陳安之說道：「你們猜猜看，成功的第三個條件是什麼」的時候，學員們自覺地高聲回答：「擁有強烈的企圖心！」

很多事情看起來幾乎不可能，只有下定決心，立刻變得簡單。當有人決定一定要做到的時候，他的潛能就真正被激發出來了。企圖心是邁向成功的關鍵之一，尤其在推銷的促成上面。

07 創造自我價值，從承擔責任開始

職場大補帖

只有承擔責任，才有可能創造價值。任何一個公司，在員工承擔一份工作之後，才能看到他的工作表現，給予回報，員工獲得的回報會因責任感的強弱而有所不同。

每一個人都不要總是以「這不是我分內的工作」為理由來逃避責任。當額外的工作分配到自己頭上時，不妨視之為一種機遇。當你的業績提升時，你的老闆自然會清楚你的實力，你也自然會得到老闆的重用。

英國著名作家薩克雷曾經說過：「生活是一面鏡子，你對它笑，它就對你笑；你對它哭，它也就對你哭。」這句話蘊涵了豐富的人生哲理，如果將其中的意義推廣到責任與價值上，我們可以這樣理解：如果你能夠承擔起責任，一步一腳印地對待自己的工作，那麼公司必將給予你實實在在的回報；如果你敷衍工作、消極怠工、試圖逃避責任，那麼公司給予你的只能是一場虛空，而且你永遠都不會擁有令人驕傲的事業，永遠也不會創造令他人羨慕的價值。

美國出版家阿爾伯特・哈伯德先生講述的一件感人的小事，可以讓我們更好地理解責任與價值的關係：幾年前，我去巴黎參加研討會，因為開會的地點不在我下榻的飯店，看地圖研究許久，仍然不知道該如何前往會場所在的五星級飯店，於是我走到大廳的服務台，請教當班的服務人員。

身穿燕尾服、頭戴高帽的服務人員，是位五、六十歲的老先生，臉上有著法國人少見的燦爛笑容，他儀態優雅地攤開地圖，事無巨細地寫下路徑指示，並帶著我到門口，再對著馬路比畫著飯店的方向。

他的熱忱及笑容讓人如沐春風。原來公認冷漠的「法式服務」，也能有如此動人的一面！我不禁在心裡打了個驚嘆號。

在致謝道別之際，他微笑有禮地回應：「不客氣，祝你很順利地找到會場。」接著他補了一句：「我相信你一定會很滿意那家飯店的服務，因為那裡的服務員是我的徒弟！」

「太棒了！」我笑了起來，「沒想到你還有徒弟！」

老先生臉上的笑容更燦爛了：「是啊，二十五年了，我在這個工作已經做了二十五年，培養出無以計數的徒弟，而且我敢保證，我的徒弟每一個都是最優秀的服務員。」他的言語流露出發自內心的驕傲。

我看著他，心裡有一種很奇怪的感覺。

「什麼？都二十五年了，你一直站在旅館的大門？」

我不禁停下腳步，請教這工作讓他樂此不疲的祕密。

老先生回答說：「我總認為，能在別人生命中發揮正面影響力，是件很過癮的事情。你想想看，每年有多少外地旅客來到巴黎觀光，如果我的服務能使他們減少『人生地不熟』的膽怯，讓大家像在家一樣放鬆，能因此有個很愉快的假期的話，這不是很令人開心嗎？這讓我感覺自己成為每個人假期中的一部分，好像自己也跟著大家度過假期一樣的愉快。」

「我的工作是如此的重要，許多外國觀光客就是因為我而對巴黎有了好感。」他說，「所以我私下裡認為，自己真正的職稱，其實是——『巴黎市地下公關局長』！」他眨了眨眼，爽朗地說。

這真是個懂得工作真諦，而能樂在其中的「工作狂」。

這位老先生在平凡的工作崗位上，能承擔起自己的那份責任，所以他創造了不平凡的人生價值——讓所有接受過他的服務的人，都能夠感到輕鬆愉快。

如果單以人們創造的價值制定一個標準的話，那麼低於這個標準的人們只會越來越跟不上時代的發展，最終被公司所淘汰。和這個標準持平的人們也許會勉強適應眼下的環境，但如果他們不進一步提升自己的價值，那他們很快就會落後於公司的發展，因為時代是不斷發展的，公司必須隨之進步；高於這個標準的人們，是那些發展迅速的公司迫切需要的人才，只有他們才能引領時代進步的潮流，才能實現更大的人生目標。

所以要想在自己的工作崗位上創造價值，要想在自己的人生中創造價值，

那麼請從承擔責任開始吧！

08

培養具備創造性思維的能力

職場大補帖

一個善於解決難題的高手，無論他是否在領導崗位上，都能得到追隨和跟從。而要想做到這一點，就必須培養自己的創造性與解決問題的能力，這正是企業所需要的。

人要善於解決問題，必須具備創造性思維。而人要進行創造性思維，必須具備一定的知識和經驗。並且，隨著知識和經驗的不斷豐富，創造性思維就會取得更大進展。因為，創造性思維是經驗和知識的提升和超越。缺乏知識和經驗，創造性思維就變成異想天開。

觀察問題、發現問題的能力來源於知識和經驗，知識和經驗越豐富也就越能開拓出創造性解決問題的新領域來。知識既可以借助於書本，又可以從實踐中總結，而經驗必來自於實踐。

來自於實踐並保持思維的開放，就能夠捕捉到眾多的資訊以及稍縱即逝的機遇，能夠發現常常被人忽略的一些問題背後的細節。例如，一個印染工人，他能夠分辨出上百種顏色，一位生活於冰天雪地的愛斯基摩人，能夠在一般人看來均為白色的雪山上，指出各個山谷雪的顏色有所不同……只有具備足夠的知識和經驗，才會有此獨創性的觀察能力。相反的，一個沒有知識和經驗的人，一切事情在他眼中都是新奇的，也都是毫無區別的。對現實、實踐等的不理解，就根本談不上用實踐經驗去獨創性解決問題。

隨著知識和經驗的豐富，越能有效地選擇適合自己進行創造性活動的學科或領域。現代科學和社會的發展，既越來越專業化，又越來越趨於一體化，出現了高度分化和高度綜合的趨勢。高度分化，使人們必須具備某一領域的高深知識；高度綜合，又使人們必須對多個領域、多個學科有較多的認識。否則，單純的專業化會走向狹隘；而沒有專業化的綜合，又會走向空泛。

任何人要想選擇在某方面有所突破，有所創新，都需要有豐富的實踐經驗和專業知識。知識和經驗還能開闊人們的視野，使人們思路寬廣，進而就越能找到解決問題的辦法。社會的踏步前進，也給人們帶來了許多問題，如環境問題、生態問題、人口問題、民族問題、經濟中的倫理問題、因科學成果迅速轉化對生產原有技術的衝擊問題、人們的文化素質急需提高的問題等等。隨著生產水準的提高，生產力的發展，人們發現的問題也越來越多。

創造性思維還需要有激情。激情能夠激發人的身心兩方面的巨大活力，充分調動體力和腦力，使人產生創造性的衝動，並成為進行創造性思維和其他活動的強大動力。例如，在領導活動中，領導者必須具有激情，要激情昂然，這不僅可以刺激自己內在的體力和智力，使領導者對目的有一種躍躍欲試的創造性衝動，而且本身又是一種號召力，沒有激情的領導者，是激發不起他人激情的。

創造性解決問題還需要熱情。熱情與心境相比，它不夠廣泛，但比心境更加強烈而深刻，與激情相比，它不夠強烈，但比激情更加穩定而持久。熱情表現在工作中，就是對事業的熱愛。所以，一個有事業心的人，一個想做出一番成績的領導者，首先要熱愛自己的工作，熱愛一切與自己工作有聯繫的其他工作，及對自己的工作有幫助的人。「三百六十行，行行出狀元」，其原因就在他們對工作的熱愛。對工作、部下沒有熱情，也就不可能對工作有興趣，當然也不可能去創造性解決問題。

競爭或競賽也能激發創造性思維。競爭或競賽就是把雙方放在同一水準上，公平地比較高低、優劣。它最能夠刺激雙方的創造性思維活動。總之，競爭和競賽有助於培養人的個性心理品質，使人熱情高漲，產生進取心，能夠考驗人的意志，增強人的智力效能，調動人的想像能力和思維創造力，進而有利於創造性思維。

還有一些主觀因素妨礙創造性思維，這裡主要是指主觀上的心理因素，如過分的自我批判、缺乏自信心以及性格上的片面性等等。

缺乏自信心最為妨礙創造性思維的發生。沒有自信，就是對自己各方面能力的不信任，對自己能否進行豐富的想像和創造性活動持否定態度或模棱兩可的態度，最終不敢前進，沒有獨創性成果。

例如德國物理學家曾朗克，曾首次做出了「能量子假說」這個革命性論點，但此後卻是對此發生長時間懷疑，對自己也缺乏信心，而未能完成這項物理學上的革命性發展。

一個領導者關係到一個團體、地區，甚至一個國家。缺乏自信的領導者工作起來縮手縮腳，不敢去開創新局面，也不敢承接任何問題。隸屬於這種領導者之下的團體只能是按陳舊的規則行走，跟在別人後面亦步亦趨，毫無貢獻。因此，創造性解決問題是與自信相聯繫的，需要一定的勇氣和膽識。

過分追求完美的人往往過於責備自己，對自己的成就和行為過分挑剔。認真、精益求精固然是好事，但凡事都有一個「尺度」，不能把「尺度」片面地誇大或絕對化。因為，人類對事物的認識都是相對的，都是此時此刻、此地、此狀態下對此事物的認識。

事物的本質複雜性，事物層次的多樣性，都會對我們的認識和活動帶來困難。我們的活動是分步驟、分階段進行的。過分地責備自己是一種不客觀的態度，是一種忽視了事物及認識特性的態度，其結果只會導致自己失去自信，妨礙創造性思維活動。

創造性人才的創造力不是天生的，任何創造性的新觀念產生也不是平白無故的，它總是受到內因及外因的共同影響，在某種因素的啟發下而產生的，而這種啟發人們可以專門進行，被稱作為「新觀念提示法」，現在，人們越來越重視這創造提示法的研究，它可以收到事半功倍的效果，對激發人們的創造性大有益處。

培養創造力的具體方法有：

一、綜合。即把已有的、零散的發現綜合起來。這是最通俗、最普通的綜合方法。很簡單的例子，有橡皮擦的鉛筆，就是銷售筆與橡皮擦的綜合，這樣一種綜合常常生成令人讚歎的美妙事物。

再如現代的多媒體電腦，將電腦很普遍的聲、色、像結合起來，集中於電腦，而網路又是通訊與電腦的結合。這些綜合是對人類發展有革命意義的創造。

二、移植。移植有時能導致令人瞠目結舌的結果，有時移植一個部件到另一個事物上會得到意想不到的效果。同類型組織的管理方法，移植並為我所用，是很便捷的創造方法。

三、改變。分別改變原來物體的形狀和色澤氣味，效果將會怎樣，閉起眼睛來想一下，看見了嗎，如果換一種變法呢？再換呢？這樣的思考活動也常常引出創造。

四、放縮。如果將它縮小一點，拿起來說不定更方便，更招人喜愛？如果將它放大一點，是不是更穩重一些？這是一個製造商在觀察自己的產品時所考慮的。正是因為有了這種創造性思維，人們才有了微型圖書館。

五、轉化。這件東西能不能做其他的用途？或者稍稍變動一下呢？

六、替代與顛倒。當石油被用盡的時候，人類必須尋找一種替代品，這種替代品可以像石油一樣供給人們能量。這個部件是鐵的，能否換成塑膠的部件以減輕其重量。這件東西倒過來放怎麼樣，這兩個零件相互換一下呢，效果會怎麼樣呢？

七、重新組合。將原屬於不同事物的因素相互結合，就像一個非常有趣的電腦遊戲一樣，哪裡有許多怪物，你可以切下他們身體的任何一部分，組成一個新的，誰也沒見過的怪物，或者將這件東西反過來，倒轉一下，是否會有更好的效果。

09

增加戰勝危機和增加魅力的機會

職場大補帖

透過工作顯示魅力的重要方法，就是表現得神采飛揚和業績突出。你工作時，要尋找機會充分展現你的奢華、時髦、熱情、活力、激情以及其他不同尋常的品質。

展現神采的最強有力的形式之一，就是危機時刻表現出鎮靜和自制。使自己保持鎮靜，並發表讓人放心的談話，這樣就能減少別人的擔心。

幫助別人順利度過危機能直接有助於增加魅力，因為處於混亂之中的人，被一種穩定的力量吸引過去。在危機時刻保持冷靜，不僅僅要求表面上裝著鎮靜，你還必須採取行動，使危機或任何其他令人不安的情況處於控制之中。

你不要只依賴直覺來對付危機或準危機。如果你遵循某些符合邏輯的步驟，在這個過程中，你可能增加戰勝危機和增加魅力的機會。

六個步驟如下：

第一，冷靜下來開始思考。無論危機多嚴重，在行動前至少花一、二個小時考慮。衝動的行為可能會對你——還有公司帶來更大的損失。

第二，把問題澄清。這次危機造成的真正問題是什麼？也許這次危機引起的是信譽的問題或者是財政問題。有時危機會同時引起這兩個問題，比如一個威脅顧客健康的劣質產品。

第三，尋找有創造性的可供選擇的方案。什麼樣的選擇方案是公開性的？許多面臨危機的經理在公開處理問題時選擇妨礙行動的方案。在這個過程中，他們加劇了這個危機。

第四，做出選擇。如果危機要得到解決，你必須在某個時候做出堅決的決定。

第五，制定一個行動計劃，並付諸實施。既然你已選擇了一個可供選擇的解決方案，把走出困境必須採取的具體步驟列舉出來。

第六，估計後果。對付危機的計劃有效嗎？還是你必須試試另外一個可供選擇的方案？提醒注意：如果你的第一個計劃失敗了，可能不會有機會嘗試另一個。

做一個解決麻煩的高手會增加你的魅力。而且這一點也同樣是千真萬確：享有能解決困難問題聲譽的人，會被認為是有魅力的。你難道不覺得，把你從問題中解脫出來的人很有吸引力嗎？一個人從解決問題中能增加多大的魅力，取決於這個問題和這個情況的某些特點。在下列情況下，一個解決問題的高手很可能會被認為更有魅力：

★當這個問題對公司很重要時，比如，讓軟體配置正常工作，或使一種重要的產品恢復人氣。

★當其他人談論你解決的問題，或你巧妙地讓別人瞭解你做的好事時。

★當你解決問題時，是持一種樂觀的態度而不是悲歎，你無法擺脫這個最為討厭的工作。

★當你感謝別人給你提供一個對他們有所幫助的機會時。

除了工作表現和工作態度外，工作業績和奉獻精神更是取得個人魅力，進而獲得心甘情願的追隨者的重要因素。

領導者要表現出與眾不同來，首要的因素是其過去所創造的不凡業績，最起碼也應給人曾經輝煌過的印象。在很多被視為魅力領導者那裡，我們都會發現他們在成為魅力領導人之前，已經有過輝煌的業績。

如，李・艾科卡在到克萊斯勒公司之前，就已經在福特汽車公司有過成功的歷史；阿爾奇・麥吉爾在進入美國電報電話公司之前就已經是ＩＢＭ公司最年輕的副總裁。

成功的業績之所以特別重要，是因為它是魅力領導者具備非凡能力的最充分、最有力證明。與成功相反，失敗則常常是領導者缺陷的印證，它往往在領導者與非凡的領導魅力之間挖掘出一條鴻溝。

當然，失敗的這一作用，往往是在領導者還沒有構築起其輝煌的領導魅力情況下，發揮得極為充分。一旦，領導者已經獲得了大家公認的領導信譽，在領導者達到其領導業績頂峰以後，人們往往對領導者的失敗或者視而不見，或者是把失敗理解為「成功」。

有一家高科技公司的老總，作為高科技領域的創業能手而戴上了魅力領導者的桂冠，在公司中擁有極大的魅力，其後，他開始為公司的發展定立三年規劃。在這份三年規劃中，他提出要發展一項對於其公司來說，是耗資巨大的專案。

按照常規，公司員工，最起碼公司領導層對此應進行有針對性的分析論證。然而，總裁魅力太大了，人們幾乎不加思索地認為，「老總提出來的，一定是對的」。因此，這個項目輕而易舉地就開始進行了。

但其實，業內的局外人士早就知道這個項目註定是一個賠錢的項目，因為這家公司的競爭對手早在研製比它先進的項目了。之所以這家公司的上下員工，還在為這個註定要賠錢的項目「奮鬥」，是領導者的魅力使然。

由此可見，領導者也好，被領導者也好，一方面要看到信譽來自於過去的成功，另一方面也必須看到業績所構築的領導信譽，可能成為導致失敗的不利因素。在實踐中，要創造成功，構築魅力，但不能濫用魅力。成功與失敗的辯證法告訴我們，失敗有時與成功之間只有一步之隔。

PART 2

不要幻想那些似是而非的安全

01 學歷並不是你的護身符

職場大補帖

學歷僅僅是敲門磚。這就決定了如果你一旦被招進公司，學歷就不會再有價值。接下來決定你的職業發展速度、高度，以及職場命運的是你的能力。學歷並不能成為你的護身符。

有人說：「無知和眼高手低是年輕人最容易犯的兩個錯誤，也是導致頻繁失敗的主要原因。」學歷並不代表著高成功率，學歷代表過去，能力代表將來。日本西武集團前主席堤義明認為，學歷只是一個人受教育時間的證明，代表一個人可能有的潛質，但不等於一個人真正有多少實際才幹。

心理學家總結出一條非常簡單但又普遍適用的規律——不值得定律。對不值得定律最直觀的表述就是，不值得做的事情，就不值得做好。

不值得定律反映出人們的一種心理，即如果他做的是一件自認為不值得做的事情，往往會持敷衍了事的態度。不僅成功率低，而且即使成功，也不會覺得有多大的成就感。在潛意識中，人們習慣於對要做的每一件事情都做一個值得或不值得的評價，不值得做的事情也就不去做或不做好。

在現實生活中，太多的人只關注有光環的大事情、能夠出人頭地的大事業，而將本職工作中的許多具體事情，歸類為不值得做的小事情，然而，這些小事情才是通往大事業的必經之路。基於不值得定律，心理學家告訴我們，自視越高的人，他認為不值得做的事情就越多，成為懷才不遇者的可能性越大，成功的機率也就相對越小。

以下是美國甲骨文軟體公司的CEO，身價上百億美元的埃里森在美國耶魯大學畢業典禮上的演講。

耶魯的畢業生們，我很抱歉——如果你們不喜歡這樣的開場白。我想請你們為我做一件事。請你——好好看一看周圍，看一看站在你左邊的同學，看一看站在你右邊的同學。

請你設想這樣的情況：從現在起五年之後、十年之後或三十年之後，今天站在你左邊的這個人會是一個失敗者；右邊的這個人，同樣的，也是個失敗者。而你，站在中間的傢伙，你以為會怎樣？同樣是失敗者，失敗的耶魯優等生。

說實話，今天我站在這裡，並沒有看到一千個畢業生的燦爛未來。我沒有看到一千個行業的一千名卓越領導者，我只看到了一千個失敗者。你們感到沮喪，這是可以理解的。為什麼，我，埃里森，一個退學生，竟然在美國最具聲望的學府裡這樣厚顏地散佈異端？我來告訴你原因。因為，我，埃里森，這個行星上第二富有的人，是個退學生，而你不是。因為比爾・蓋茲，這個行星上最富有的人——就目前而言——是一個退學生，而你不是。因為艾倫，這個行星上第三富有的人，也退了學，而你沒有。

你們非常沮喪，這是可以理解的。因為你沒輟學，所以你永遠不會成為世界上最富有的人。哦，當然，你可以。也許，以你的方式進步到第十位、第十一位，就像Steve。但我沒有告訴你他在為誰工作，是吧？

根據記載，他是研究生時輟的學，開化得稍晚了些。

現在，我猜想你們中間很多人，也許是絕大多數人，正在琢磨：「我能做什麼？我究竟有沒有前途？」當然沒有。太晚了，你們已經吸收了太多東西，以為自己懂得太多。你們再也不是十九歲了。你們有了「內置」的帽子。哦，我指的可不是你們腦袋上的學位帽。

嗯，你們已經非常沮喪啦，這是可以理解的。

我要告訴你，一頂帽子、一套學位服必然要讓你淪落……就像這些保全馬上要把我從這個講台上攆走一樣必然……（此時，埃里森被帶離了講台）

這是一篇狂妄而偏激的演講，也被稱為是「二十世紀最狂妄的校園演講」。但是我們認為，埃里森演講的主旨，並不是想在美國名牌大學的學生面前炫耀一個退學生的成功，而是在於指出對高學歷的錯誤觀念：大學教育已經讓你們「吸收了太多東西，以為自己懂得太多」，「你們有了『內置』的帽子」。這頂「內置」的帽子，可能會限制高學歷者的思維。另外，它很容易導致高學歷者自視過高，自認為「不值得」做的事情太多。

年輕人本來就有幾分初生牛犢的傲氣和浮躁，如果再有高學歷，傲氣當然就更盛了。基於這種心理，這些「吸收了太多東西，以為自己懂得的太多」的高學歷者，認為自己一開始工作就應該得到重用，就應該得到相當豐厚的報酬，往往會對手頭上瑣碎的工作感到不滿，常常抱怨「如此枯燥、單調的工作，如此毫無前途的職業，根本不值得自己去做」，動不動就有「拂袖而去」的念頭。

然而作為普通人，在大部分的時間裡，很顯然都在做一些小事，也許過於平淡，但那是成就大事不可缺少的基礎。在這個講究精細化的時代，細節和小事往往能反映出你的專業水準和內在素質。當天平處於平衡狀態時，在一方加入再小的砝碼也會使之傾斜。當你與別人的實力不相伯仲時，在小事上下工夫就成了決定成敗的關鍵。

所以從點滴做起，用一個個微小的成績造就自己工作與事業的輝煌，不要成為那些「懷才不遇式」的悲劇人物。

02 資歷不是缺乏創新能力的藉口

職場大補帖

也許你會說：我剛開始工作，剛加入這家公司，剛接觸這個行業……我很年輕，也很幼稚，認識很淺薄……這些其實都是藉口。創新能力和這些沒有一丁點關係。

創新並不是發明家的專利，同樣也不受個人資歷的限制。不需要你有高學歷，也不會受你的年齡、人生閱歷的約束。

在現代化社會中，我們的生活和各式各樣的機器密不可分。而機器上的每一個零件，都是靠車床做出來的。也就是說，車床的發明對改變我們今天的生活，有著十分重要的作用。英國人莫茲利是車床的發明者，被譽為「車床之父」，但他根本就沒受過正規教育，由於家境貧寒，他十二歲時便成為一名機械廠的學徒工。因為他對機械很感興趣，所以即使當時的生活很苦很累，但莫茲利卻認為是一種樂趣。

隨著時代的進步，人們生活水準的不斷提高，大家對鐘錶、鎖之類的東西的需求量不斷增加，慢慢的，工廠接到的訂單越來越多，莫茲利的工作也越來越忙。

儘管生意多了是好事，但在傳統的手工作業下，生產速度十分緩慢，根本滿足不了市場需求。於是莫茲利想著，必須借助機械的力量來改變這種狀況。當時雖然也有車床，但只能進行木製品的加工，還不能用於金屬加工。於是，莫茲利決定在此基礎上創新，改進現有的車床。

憑著對機械的熱愛，再加上莫茲利的努力，他成功地創造出了可以加工金屬的車床。這樣一來，不僅生產效率大幅度地提高了，還提高了零件加工的精密度。

莫茲利的經歷告訴了我們一個事實：即使沒有學歷也可以創新，只要你肯學習，向著自己的目標不斷地努力，堅持在實踐中開拓，就可以像莫茲利一樣成為創新高手。

也有人認為自己年齡太小或年齡太大而難以創新。但他們不知道，牛頓在二十二歲發明微積分，二十三歲發明萬有引力定律；達爾文二十二歲進行環球航行，之後著成《物種起源》；伽利略十八歲發明鐘擺原理；愛因斯坦二十六歲提出相對論；愛迪生二十九歲發明留聲機；而黃道婆革新紡織技術的時候，已經年邁半百；玫琳・凱開始創業的時候已經四十五歲；佛蘭克林四十歲以後才開始致力於科學研究。

同樣，創新也不會受一個人人生閱歷的影響，無論你經歷的生活多麼困苦，只要有開拓的精神，就會有成功的創舉。

這是一個真實的故事：

他的大半生可以說較為悲慘。

他五歲時就失去了父親，十四歲時便輟學開始了流浪生涯。

他在農場做過雜活，當過電車售票員，但都很不開心。

十六歲時他謊報年齡參了軍，但軍旅生活也並不順心。服役期滿後，他開了個鐵匠鋪，但不久就倒閉了。

隨後，他在南方鐵路公司當上了一名機車司爐工。對這份工作，他很喜歡，因此他以為終於找到了屬於自己的位置。

十八歲時他結了婚，在得知太太懷孕的同一天，他卻接到了被解雇的通知。

後來有一天，當他在外面四處奔波，忙著找工作時，他的太太賣掉了他們所有的財產，帶著女兒從此失去了蹤影。隨後，大蕭條就開始了。他卻並沒有因老是失敗而放棄，並一直在努力尋找出人頭地的機會。

他曾透過函授學習法律，但後來因生計所迫，不得不放棄。

他賣過保險，也賣過輪胎。

他經營過一條渡船，還開過一家加油站。

但這些最後都失敗了。

有一天，他一個人躲在郊外的草叢中，謀劃著一次綁架行動。然而，當他等待著目標進入他的攻擊範圍時，他開始深深地痛恨起自己。最後，綁架行動失敗，因為他還是沒能突破自己良心上的不安。

後來，他成了一家餐館的主廚。但不久，一條新修的公路剛好穿過那家餐館，他無奈地又一次失業了。接著，他就到了退休的年齡。時光飛逝，眼看一輩子都過去了，而他仍一無所有。他一直安分守己——除了那次未實施的綁架計劃，但他只是想從離家出走的太太那裡奪回自己的女兒。不過，母女倆後來還是回到了他的身邊。

要不是有一天郵遞員送來了屬於他的第一份社會保險支票，他還不會意識到自己老了。這張保險支票讓他充滿了恥辱感，並且讓他又一次覺醒了。他說：「呸！」但他還是收下了那張一〇五美元的支票，並用它開創了自己嶄新的事業。如今，他的事業欣欣向榮。而他，也終於在八十八歲高齡時大獲成功。

這個在生命的終點開始走向輝煌的人就是哈倫德・桑德斯，肯德基的創始人。他用他的那一筆社會保險金創辦的嶄新事業，正是聞名於世的肯德基。

莫因幸運而故步自封，莫因厄運而一蹶不振。真正的成功者總是善於從黑暗中找到光亮，在逆境中找到力量，並發現創新的契機。逆境能打敗弱者，也能造就強者。天無絕人之路，奇蹟多是在經歷磨難和挫折後，賜予那些勇敢者的最大獎賞。

由此可見，無論你的學歷是高還是低，無論你的年齡是大還是小，無論你的人生經歷是平坦還是坎坷，只要你願意，隨時都可以成為創新的主人。

03 最值錢的就是你的手藝

職場大補帖

俗話說，技藝在手，吃喝不愁。企業之所以會用你，就是看重你某方面的手藝，並且你的手藝恰好能夠滿足企業的需求。所以你唯一的工作，就是讓自己的手藝更加精益求精。

有這樣一則寓言：貓和狐狸外出去朝拜聖地，牠們倆打扮得像兩個小聖徒，實際上是兩個圓滑刁鑽、阿諛奉承的偽君子，名副其實的騙子。牠倆一路上盡幹壞事，到處騙吃家禽和乾酪，根本沒花費自己一毛錢。

漫長的旅途十分枯燥無聊，用爭論問題來打發時間是一個好辦法。整日裡，空曠的路上充斥著這兩位朝聖者的吵嚷聲。在結束一個話題後，兩者談起了周圍的同伴。狐狸對貓輕蔑地說道：「你自認為聰明，其實你懂些什麼，我有的是錦囊妙計。」

「那有什麼用，」貓說，「我的袋子裡只有一招，但它足以勝過各種計謀。」於是兩者之間又重新爆發了新一輪的爭論，各說各的理，吵得不可開交。就在這時候，一群獵狗趕了來，於是爭吵得以迅速平息。貓對狐狸說：「朋友，現在就看你有什麼錦囊妙計了，多動腦筋想想看，趕緊找一條逃生之計吧，對我來說就看這一招了。」話音剛落，貓縱身跳到樹上，爬了上去。這隻狐狸只得動腦筋想辦法了，然而，牠想出上百條計謀，但卻不知哪一條更有利於逃生。不得已只好鑽進一個窩穴，在受到煙熏和獵狗的追咬下，狐狸冒險鑽出地面試圖逃跑，隨即被兩隻動作快速的獵狗一擁而上，咬住咽喉活活咬死了。

從這則寓言中，我們可以看到掌握一技之長是多麼重要。只有掌握一技之長，在關鍵的時候，才能臨危不懼，鎮定自若，逢凶化吉。而且，一技之長也是個人自下而上的重要資本。

有一個名為疙瘩村的小山村，村裡有一個王木匠，他的手藝遠近聞名。王木匠的手藝是祖傳的。誰家裡有兒女到談婚論嫁年齡的，就早早買好木料排在他的院裡，怕到時候輪不到給新人做傢俱；村裡聰明伶俐的男孩，都設法接近他，希望能跟著他學個一技之長，不過這是枉然的。王木匠有四個兒子，他早就想從他的四個兒子中選一個接班人，好讓他的祖傳手藝繼續傳下去。

王木匠的四個兒子中，數老四最聰明。但是，老四就是不願做木匠，他說一聽到鋸子與木頭的摩擦聲，渾身就起雞皮疙瘩，要他做木匠，還不如殺掉他。那年暑假，老四和王木匠大吵一架之後，背著行李離家出走了，氣得王木匠三天沒好好吃飯。

老四一走就是三年，三年裡只寫過三封家信。

第一封信是第一年春節寫的，他說外地到處都是機會，只要運氣好，做一年頂做木匠十年。王木匠一句話也沒說，把飯碗一擱，帶著孫子買鞭炮去了。

第二封信是第二年春節寫來的，他說那邊機會雖多，但沒有一個是留給鄉下人的，他依然替人打工，比做木匠辛苦多了。王木匠還是一句話也沒說，就帶著老婆炒的小菜去跟另外三個兒子喝得一塌糊塗。

第三封信當然是第三個春節寫來的，王木匠看完信後只說了一句話：「打電話叫老四回來。」十天後，老四真的回來了，他是瘸著一條腿回來的。

老四回來後，王木匠既不問他外面的事，也不指使他幹活，老四就天天吃了睡，睡了吃。再懶的人也擱不住沒事幹，何況老四本就不懶。一段日子之後，他就主動到王木匠那裡四下找零活做。王木匠說：「你在這兒礙手礙腳，倒不如去把院子裡那堆廢料賣掉。」老四高高興興地裝了一拖拉機，拉到集市上賣了一百元。

幾天之後，王木匠又讓他去把做好的幾件櫃子賣掉，這次老四賣了一千元。又過了幾天，王木匠再要他去賣一組屏風，這次老四賣了一萬元。老四給王木匠錢時，有一種抑制不住的興奮。王木匠說：「同樣是一堆木頭，當劈柴，它值一百元；做成櫃子，它值一千元；再做成屏風，它就值一萬元。最值錢的是什麼？……是手藝。」

王木匠說這些話時，一直沒有停下手的動作，甚至連眼皮也沒抬一下。而老四卻一下子明白了，並開始踏踏實實地跟著王木匠學起了木匠手藝。後來，人們都知道疙瘩村有個瘸子木匠，木匠的手藝還是祖傳的，遠近聞名。

可見，一技之長是個人的生存之本，它就是人的「鐵飯碗」。憑藉它，無論走到哪裡都能生存立足。掌握一技之長，需要我們專注去做某一件事。我們的時間有限、精力有限，不可能把所有的事情做到最好，但是我們一定可以把其中的一件事做到最好。心無旁騖地做一件事，更容易成為強者。

一個失業女工靠親人集資開了一家雜貨店，幾個月過去了，生意很不好。她的丈夫喜歡讀書，有一天，他對妻子說在圖書館看到一份雜誌，上面有一個全球五百強企業的專欄，丈夫發現所謂的「五百強」不過也很尋常，都是「堅持己念」。

妻子不太明白，丈夫繼續解釋說：「打個比方，妳賣鈕扣，就只賣鈕扣，賣所有品種的鈕扣，店再大，都不賣別的。以後頭飾、胸花之類的東西不要再進了，全進鈕扣，有多少品項進多少品項，看看會怎麼樣。」

妻子半信半疑，抱著試一試的態度，集中所有資金做起了鈕扣生意，誰知效果的確非常不錯。幾年以後，這家小雜貨店變成了這座城市唯一的一家專賣鈕扣的大商店。

只做好一件事，意味著集中精力發展，而不是多元化發展。很多人涉足很多領域，學習很多知識，但是時間、精力等都是有限的，不可能全部深入鑽研，結果每一項都沒有很強的競爭力。目標定了很多，什麼都想做，什麼都沒有做到最好，實質是沒有自己的核心競爭力。只有找到自己的強項，找到最適合自己發展的那個領域，然後拿出全部精力去鑽研，才能有所收穫。

人的生命和精力都是有限的，但是人生發展的可能性卻是無限的，所以要清醒地告誡自己：不要做消耗式的人生規劃。不能每件事都只做一半，就畏難、畏煩而放棄；也不應該沒有規劃，看到什麼有利的條件就去追逐，最終什麼都做不好。掌握這個原則，就能使自己從一個局部的勝利走向另一個局部的勝利，最終完成全面的勝利。

04

認眞工作能抓住機遇

職場大補帖

其實任何人都沒必要幻想機遇，只需要認真工作。機遇本是可遇不可求，幻想毫無意義。而認真工作會帶來一切，晉升、加薪……等一切機遇都隱藏你的工作細節中。

世界上最大的金礦不在別處，就在你自己身上，而我們常常在別處不斷地尋找。只要我們認真對待工作，珍惜工作，在工作中不斷思考，就能發現機會，創造不同凡響的人生。

有個農夫擁有一塊土地，生活過得很不錯。但是，他聽說要是有塊土地的底下埋著鑽石的話，他就可以富有得難以想像。於是，農夫把自己的地賣了，離家出走，四處尋找可以發現鑽石的地方。農夫走向遙遠的異國他鄉，然而卻沒發現鑽石，最後他囊空如洗。一天晚上，他在一個海灘自殺身亡。

真是無巧不成書！那個買下這個農夫土地的人在散步時，無意中發現了一塊異樣的石頭，他撿起來一看，晶光閃閃，反射出光芒。他拿給別人鑑定，才發現這是一塊鑽石。這樣，就在農夫賣掉的這塊土地上，新主人發現了從未被人發現的最大鑽石寶藏。

你也擁有鑽石寶藏，那就是你的潛力和能力。你身上的這些鑽石足以使你的理想變成現實。你必須做的，只是在工作中不斷地發揮自己的潛力，做到最好，機會就會在你的身邊出現。

每一項任務都是一次機遇。面對每一項任務你首先要問的，是自己能從中學到什麼新的知識，累積什麼新的經驗，這是不是一項挑戰，自己是不是要積聚起更大的勇氣，更加精力充沛地去迎接挑戰？

永遠不要對別人妄加揣測，更不要對自己的任務妄自菲薄。如果因此而喪失工作熱情，就會坐失學習和提高的機會，流失讓自己更加強大的土壤。要正確認識自己的任務，把每一項任務都當作一次機會——學習的機會、鍛鍊的機會和得到認可的機會。

彼得到某大公司應聘部門經理，老闆提出要有一個試用期。但出乎彼得意料的是，上班後他被安排到基層商店去站櫃台，做銷售代表的工作。一開始彼得根本無法理解，但還是毫無怨言地堅持了三個月。後來，他認識到自己對這個行業不熟悉，對這個公司也不是很瞭解，確實需要從基層工作做起，才可能全面瞭解公司，熟悉業務，何況自己雖然做的是銷售代表的工作，但拿的仍是部門經理的工資。

儘管實際情況與自己最初的預想有非常大的差距，但是彼得明白這是老闆對自己的一種考驗，他堅持下來了。三個月以後，他負責部門的所有工作，結合三個月最基層的工作經驗，彼得帶領團隊取得了傲人的成績。

一年後，公司經理調走了，他得以升遷；七年以後，公司總裁另有任命，他被提升為總裁。在說起往事時，他頗有感慨地說：「當時忍辱負重地工作，心中別提有多委屈，但我也明白這是老闆在考驗我的忠誠度，於是堅持了下來，最終獲得了老闆的信任。」

每一次任務都是一次機遇，機會在每一份工作中。因此你所能做的也必須做的，就是在自己的工作崗位上兢兢業業、不斷進取、全力付出。相信不久，機會也會降臨在你的頭上。

當然，對於我們身邊那些不合心意的任務，我們同樣也不能說「不」。我們無法斷言，這項任務是否會對自己的業績產生良好的影響，也無法確定老闆是否在藉機用困難考驗自己。我們惟一可以確定的，是自己可以認真完成每項任務。不論是大是小，是否受歡迎，沒有人會批評我們態度認真，沒有人會批評我們把瑣碎的任務完成得盡善盡美。

況且，只要認真去做，即便是簡單和微小的事情也會令我們從中受益。充當打字員，輸入資料可提高我們的打字速度；複印資料，會讓我們進一步熟悉影印機，找到更有效的複印方法；當一次會議記錄員可以鍛鍊速記能力；即便是幫同事倒杯咖啡也可帶來與同事交流的機會……也許有一天，這些會為我們帶來意想不到的收穫。

其實，每件事都值得我們盡力去做，即便是生活中最平凡和瑣碎的事情也值得我們全心投入，因為成功就是每個完美細節累加的結果。

05

誰也不能保證一路「紅」到底

職場大補帖

毫無疑問，公司裡提拔和加薪最快的人一定是老闆眼中的紅人。但是任何人都應該明白，沒有人能夠保證自己會一路紅到底。因此，無論你現在是多麼受寵，你仍然需要理性地認識到：目前受寵只能說明以往做得不錯，要想繼續「紅」，就必須做得更好。

不安於現狀，是優秀經理人的基本素質，也是優秀職場人士的立身之本。任何職業需要的都是不斷創新的人。那種推著才肯前進的人，肯定會被淘汰。

職場上的紅人，指的是那種做出非常出色的成績，受到老闆賞識和提拔的人。在其他人看來，他們是深受老闆寵愛的幸運兒。幾乎在每一個公司裡，都有紅人存在。但是，有專家在公司當人力資源顧問時，發現了一個奇怪的現象：就是無論多麼紅的人，都紅不長久，而且紅的程度越深，失寵的時刻就來得越快。

兩年前，學文來到現在的公司當一名普通員工，他工作一直非常努力，取得了突出的成績。老闆非常賞識他，於是他成了老闆跟前的紅人。一年以後，他被提拔為物流管理部經理，薪資一下子翻了兩倍，公司還給他配備了專車。

剛當上經理時，學文還是像之前那樣努力，每一件事情都做得盡善盡美。「你怎麼那麼傻啊？」不斷有人這樣對他說，「你現在已經是經理了，用不著什麼事都自己去做，再說老闆也不會檢查你做的每一件事情，你做得再好，他也不知道啊。」

沒錯，老闆不可能看到每一個員工的每一份成績。可是，如果你養成了追求完美的習慣，把每一件事都盡力做到最好，就可以保證老闆所看到的都是完美的。到那時，老闆自然會為你晉職加薪，可惜學文沒有意識到這一點。

在多次聽到別人說他「傻」的話之後，學文變得「聰明」了，他學會了投機取巧，學會了察言觀色，以及怎樣去迎合老闆，不把心思放在工作上，而是放在揣摩老闆的意圖上。如果他覺得某件事情老闆會過問，他就會將它做得很好；如果他覺得某件事情老闆不會過問，他就馬馬虎虎唬弄過去，甚至根本不做。終於，在當上經理的一年後，老闆發現學文隱瞞了工作中的很多問題，一怒之下，就把學文解雇了。

紅人失寵，雖然有很多因素，但最主要的是紅人失去了原來積極進取的工作激情，變得滿足現狀了，而不是老闆喜新厭舊。這些人在成為紅人之前，所得到的回報可能並不多，他們努力工作，用成績來證明自己的能力，用實際成果來取得想要的回報。終於，他們成功了，成了紅人被老闆賞識和提拔，薪水、職位都大大提高，生活條件也得到了很大改善。這個時候，他們卻滋生了驕傲和自滿的情緒，開始變得不可一世，對工作越來越沒有責任心，工作幹勁也沒有以前足了，認為少了他公司就無法運轉了。之所以這樣，主要有以下幾個心理因素在作怪：

第一，覺得自己過去付出得太多，該好好享受一下了。

第二，覺得有老闆寵著，沒人能把他怎麼樣。

第三，潛意識中，認為自己拿的薪水和福利都是理所當然的，並且可以一直拿下去。

第四，不切實際地認為公司裡沒有人可以超越自己，自己是不可替代的。

不管你願不願意，實際上，每時每刻都有人憋著勁在和你比賽。高薪水、高福利、老闆的賞識和重用，想得到這些的人多著呢！你得到了，那些還沒有得到的人一定也想得到，他們付出十倍甚至百倍於你所付出的努力，以證明他們的能力和價值，讓老闆明白他們比你更優秀。在這些人的「圍攻」下，你如果安於現狀，早晚會被他們趕上，然後被超越，最後被他們比下去。別人比你優秀了，老闆憑什麼還讓你做紅人呢？

因此，不要滿足於目前的工作表現，永遠要做最好的，這樣你才能成為老闆眼中不可或缺的優秀員工。人們雖然無法做到完美無缺，但是在你不斷增強自己的力量、不斷提升自己能力的時候，你對自己要求的標準會越來越高。

成功者和失敗者的區別主要在於：成功者無論做什麼，都力求達到盡善盡美，絲毫不會放鬆；成功者無論從事什麼職業都不會輕率疏忽。你工作的品質往往決定著你的生活品質。在工作中你應該嚴格要求自己，能做到最好就不允許自己只做到次好；能完成一百分，就不能只完成九十九分。不論你的薪水是高還是低，都應該保持這種良好的工作態度。在職場中，每個人都應該把自己看成是一名傑出的藝術家，而不是一個平庸的工匠，應該以高要求和高指標去工作，那樣你才能在職場走得更長久。

06

與老闆保持良好私交職位更穩固

職場大補帖

有些人年輕氣盛，不屑於「拍馬屁」和「屈服於權貴」，事實上和老闆保持良好的私交並不是「拍馬屁」和「臣服」之舉。這是一種正常的、必要的互動。如果你能和老闆成為朋友，你的工作開展將會順利得多。同樣，你的職位也會別人更加穩固一些。

對職場上的人來說，必須認清誰才是你升職路上的主導者。

職場上有一條金科玉律：發薪水給你的那個人永遠是正確的。人世間沒有無緣無故的愛，也沒有無緣無故的恨。老闆也不會憑白無故地給你升職。老闆有他自己的理由和依據，而你所要做的就是遵循這些條件。

一、維護老闆的利益

老闆的利益是非常廣泛的，它包括很多方面的內容。作為公司的員工要能夠幫助老闆解決企業所面臨的各種問題，解決企業的困難。

老闆是公司裡的掌舵人，他對本公司員工的表現和態度是非常敏感的。為了達到升職加薪的目的，你就要讓自己的一切行為都要符合老闆的利益，這是尤其重要的。如果你在某一行為上損害了老闆的利益，哪怕一次無意的損害，都會使老闆對你沒有好感，進而失去升職和加薪的機會。

二、不要探聽老闆的「祕密」

每個人都有自己的生活方式與難處，如果你偶然發現了老闆的祕密，那麼最好的做法是保持沉默，裝聾作啞，寧可把話全爛在心中也不能說出去。

但仍有許多人為得知老闆的「祕密」，而四處打探，認為如果知道老闆的一些小祕密，就可以和老闆拉上關係。孰不知，有些「祕密」可能成為你永遠無法升職的原因。既然是「祕密」，當然知道的人越少越好，別探問老闆的隱私。老闆面對工作也會感到心情壓抑，家庭生活也會產生各種的問題。如果你毫不客氣地探問其隱私，甚至為其出謀獻策，那就大錯特錯了。所以，即使老闆在最脆弱的時候，也只需要適度的關心就好。

如果你不小心撞見了老闆的祕密，裝蒜是惟一的明哲保身的辦法。有時候知道的事情太多反而是一件壞事，尤其是關於老闆的隱私方面的話題，一旦知道千萬不能透露出去，否則就要大禍臨頭了，但如果能及時替老闆掩飾其「短處」，則有可能被對方引為知己，收到意想不到的回報。

三、得到老闆的賞識和好感

儘管許多老闆都喜歡下級討好奉承，但他們更喜歡那種腳踏實地、埋頭苦幹的人。如果你把老闆安排的每一件事都辦得妥貼，然後再說幾句老闆愛聽的話，比起那些只說不做的人來，老闆一定會對你另眼相看。

記住，如果你總是迎著老闆的目光，從不躲躲閃閃；坦率與之交換看法，不隱瞞不誇大；從不議論其隱私，並盡己所能努力工作，爭取成為其最佳的部下，那麼，你的老闆便沒有什麼道理不喜歡、不賞識你了。

無論用什麼方式，只要能得到老闆的好感，都是可取的。雖然說討得老闆歡心，自己對前途未必放心，但如果不討老闆歡心，那麼對自己前途肯定不會放心。這是一條放之四海而皆準的道理，任何情況下都不會失靈。

不管是升職還是加薪，最後拍板的人還是老闆。由此可見，職場棋局無論擺出什麼陣型，老闆還是其中最關鍵的棋子。為了使自己的職位更穩固，你必須設法維護好與老闆的關係。

07 過往業績，可能成爲你的累贅

職場大補帖

過往業績能夠為你加分：獲得老闆的信任和尊重。但是如果你不能正確對待自己已經取得的功勞，過往業績越優秀，越會成為你的累贅，甚至為你惹來殺身之禍。

所謂「花要半開，酒要半醉」，凡是鮮花盛開嬌艷的時候，不是立即被人採摘而去，就是衰敗的開始。炫耀除了獲得一時自娛自樂的快感之外，沒有任何意義。

年羹堯是清代康熙、雍正年間人，他文才出眾，又為朝廷屢立軍功，雍正皇帝登基之初，對年羹堯非常寵愛。不但年羹堯的親屬備受恩寵，就連家僕也有透過保薦做了大官的。

年羹堯對此不但不知收斂，反而得意忘形，驕橫無比，甚至蒙古王公見到他都要先跪下，因此他漸漸引起了群臣的憤怒和非議，彈劾他的奏章多似雪片。

年羹堯在軍中及川陝用人自專，稱為「年選」，形成龐大的年羹堯集團。而且，他在皇帝面前「無人臣禮」，藐視並進而威脅皇權，甚至有自立為帝之心。他還令雍正帝派來的侍衛前引後隨，牽馬墜鐙。

按清代制度，凡上諭到達地方，地方大員須迎詔，行三跪九叩全禮，跪請聖安，但雍正帝的恩詔兩次到西寧，年羹堯竟「不行宣讀曉諭」。他在與督撫、將軍往來的諮文中，擅用令諭，語氣模仿皇帝。更有甚者，他曾就一些書籍代雍正帝擬就序言，要雍正帝頒佈天下。於是，群臣聯合上書彈劾年羹堯，盡議革其官職。

雍正三年十月，雍正帝命逮年羹堯來京審訊。

十二月，案成。議政王大臣等定年羹堯罪共九十二款。雍正三年十二月，皇帝差步兵統領阿爾圖，來到關押年羹堯的囚室傳旨說：年羹堯仰仗皇帝寵愛，驕縱炫耀無度，置國法君威於不顧，看在以往的功勞的分上，令其自裁。

年羹堯接旨後即自殺。此案涉及年家親屬及友人，其父年遐齡、兄年希堯罷官，其子年富立斬，諸子年十五以上者遣戍極邊，子孫未滿十五者待至時照例發遣，族中文武官員俱革職。

年羹堯的悲慘結局發人深省，他原本有大好前程，軍功赫赫，皇上重用有加，再三加官晉爵，但他在此風口浪尖上不但不知收斂，反而任意招搖炫耀，最終惹來殺身之禍，也是自作自受。

在麥當勞公司建立連鎖店的問題上，創始人克羅克始終堅持，好的連鎖店主可以獲准購買新店的連鎖權，使加盟連鎖後分店更多；而經營不善，不遵守麥當勞協議的「犯規者」就會被毫不留情地清除出麥當勞，誰也不例外。

一九五七年，印刷工人愛伯特和妻子蓓蒂在克羅克的授權下，在伊利諾州沃基根開了一家麥當勞連鎖店，由於是該州第一家，克羅克對他們關懷備至，頭一年該店銷售額就高達二十五萬美元。貧窮得靠挨戶推銷《聖經》的夫妻產生很好的賺錢示範效應，旋即為克羅克招來了二十四位加盟者，其中的三位加盟店還陸續開了二十九家、四十四家和四十六家連鎖分店。愛伯特夫婦的連鎖店對於克羅克來說，可說是功勳卓著。

然而居功自傲的愛伯特，開始藐視與麥當勞的協議了。他的口頭語是：「去他的，我才是老闆！」於是，他在採購貨物時以賺更多的錢為目的，只比價格而不比貨的品質，這就違背了麥當勞貨品統一的原則。

他還違背了麥當勞只賣可口可樂的原則，擅自銷售百事可樂。他的做法逐漸讓克羅克忍無可忍，於是在雙方合同到期後，克羅克果斷地中止與他的續約，堅決將愛伯特清除出麥當勞。愛伯特夫婦因此失去了麥當勞特許權，只得賣店另謀生路。

對於企業而言，老闆是絕不會允許犯規者存在的。將犯規者清理出局，即使犯規者曾為企業立下汗馬功勞。

這項做法看來似乎過於嚴酷，但其實不然。因為企業不是老闆一人的企業，他必須一切以企業生存發展為計，以企業整體利益為重。清退犯規者，是他的必然選擇，因此我們要正確對待自己的已往業績。

謙卑和淵博的人，往往低調；自大和粗淺的人，最喜招搖。前者眼光長遠，虛懷若谷，總讓人敬仰；後者看不到長遠之利，為一點眼前成就手舞足蹈，怎能不成為眾矢之的！所以我們要學會在世間低調生活，即使我們已經功成名就，聲名顯赫！

08

末位淘汰制是企業的屠殺陰謀

職場大補帖

「鐵飯碗」早已成為了傳說。企業不是慈善機構，不是生存在真空中，為了適應市場競爭並贏得競爭，它必須時刻保持著驚人的動力。末位淘汰制的根本目的不是為了淘汰誰，而是企圖透過這項舉動讓所有人都感到驚慌，進而更加積極地去工作。

二十七歲那年，葛列格・蘇德蘭斯被解雇了。

剛從大學畢業，他就在芝加哥附近一家賣酒的公司當銷售助理。蘇德蘭斯開著那輛現代「奏鳴曲」汽車整日奔波於七十四號州際公路，把一箱箱酒賣給酒店，每週工作三十五個小時，領著約四萬美元的年薪。

但不管工作多麼拼命，他從未完成過定額。終於，在一個寒風刺骨的夜晚，上司把他叫到了辦公室。蘇德蘭斯甚至還未坐下，上司就開始大叫大喊，責備他妨害了經營利潤，還對蘇德蘭斯的職業道德心存懷疑，然後跟他說：「你被開除了！」一名主管自始至終保持沉默，等到那位上司說完了，他拍拍蘇德蘭斯的肩膀，說了幾句鼓勵的話，然後就叫他走人。

在一起做銷售助理的四個年輕人當中，蘇德蘭斯是惟一被解聘的，因為他的業績太差。這就是「末位淘汰制」。現在，歐美大部分企業都已用這種機制來精簡人員。它儘管看上去很不近情理，卻大大提升了企業的績效管理效果。

佛羅里達的「金腰帶公司」對所有銷售人員每三個月根據業績評定，進行一次職位調整，六名銷售副總監業績最差的一位自動降為普通業務員，業績最好的業務員自動上升為副總監。即使降職的副總監與倒數第二位只差一分錢也有可能被降級。這種制度弄得銷售副總監人人自危，每個人都兢兢業業地工作，生怕自己一不留神就出局。即使是每個賽季銷售業績都在前三名的副總監，也時時有被淘汰的危機，從不敢放鬆努力。結果，在實行「末位淘汰制」一年後，該公司的業績比上年提高了六十％。

身為一家輪胎廠的老闆巴辛從報紙上看到「末位淘汰制」的報導後，深受啟發，他認為這種「末位淘汰制」起到了鼓勵先進、鞭策後進的積極作用。於是，他決定將這個方法借鑑到自己企業的管理中。第二天，他在公司部門經理會上宣佈：「本公司將全面推行『末位淘汰制』，我所說的『末位淘汰制』具體內容就是：公司授權你們在座的各位部門經理，在年底之前，對你們的下屬員工進行全面考核、打分數、排名次，然後，各部門要根據考核後排好的名次，辭退掉名次排在末位的兩名員工。」

命令一下，原本如一潭死水的公司頓時沸騰了，為了避免讓自己被解聘，所有的人都拼上了全力，也正因如此，使得巴辛原本已陷入危機的輪胎廠重又充滿了活力，快速發展起來。

比爾．蓋茲在微軟公司內部推行了達爾文主義，向能夠提供高生產效率的員工提供高額的薪水。員工的提拔升遷完全取決於個人成就。同時微軟公司採取嚴酷的定期淘汰制度，每半年考評一次，並且淘汰五%的員工。正因為以上種種措施，微軟公司在二十多年的激烈市場競爭中，才能處於不敗之地。

由此可見，「末位淘汰制」可以刺激員工產生最優秀的業績，它是員工從「要我做」變成「我要做」的動力，它把一股鮮活的力量注入了企業內部，讓員工能夠保持很高的工作效率，同時還把那些不合適企業環境、缺少工作能力的、影響企業效益的員工淘汰出去，不但精簡了員工隊伍，使企業的負擔大大減輕，還使以後的各項措施得以更好的實施。

企業不是慈善機構，而是需要效率及效益，實行「末位淘汰制」，將企業冗員、不適合單位要求的人員以及損害企業利益的人清除出去，是保持企業效率，保障企業利益的必要手段，否則員工沒有壓力，可能會變得越來越難管理。所以，儘管這看上去有些殘酷，卻是推動企業快速向前發展、不斷提高效益的有效途徑。

09

新上司很可能會是你的致命殺手

職場大補帖

新上司降臨，對你來說絕對是一道需要謹慎應對的生死坎。新官上任三把火，也許你就是他最看不慣的人之一。如何應對新上司，尤其是如何防範遭到新上司的排擠，這是一門大學問，也是你必須掌握的學問。否則，新上司很大可能就是你的致命殺手。

緯杰講述了他工作上的一些遭遇：

「我在我現在的公司已經做了三年業務員。剛來公司的時候，我只是個助理，要想把客戶的訂單拿到手很不容易。但經過三年的磨煉，現在我的業務能力算是非常出眾，在公司裡基本上沒有幾個業務員能在業務上與我抗衡。之前，我的上司一直都很賞識我，他說我的業績突出，在部門裡人緣也很好，所以準備提拔我當業務經理。我聽了很高興，對待工作更加認真，業績也更好了，我滿心歡喜地等待著升職的那一天。

可是，前一段時間公司突然發生人事異動，我們以前的上司調到其他的地方去了。不知道從哪裡調過來一個新上司，和他一起來到我們這個部門的還有他的幾個親信，他們和新上司以前就是同事。

新上司一到我們部門，就把團隊裡最重要的客戶都分配給跟自己一起過來的人，我們這些老員工只能瓜分幾個小客戶，就連我以前親自拉來的客戶，他都轉給了別人。

這種不公平的分配方式讓我們的處境相當困難。但那位上司卻根本視而不見，無論什麼工作，總是優先安排那些人，什麼重要的機會都沒有我們的分。我現在在這家公司，做得真的特別沒有信心，工作的熱情都被打擊殆盡。

我真的很生氣，但是又沒有辦法，只得咬碎了牙往肚子裡吞。現在雖然很想換份工作，可是又不甘心之前付出那麼多的心血就這樣白白葬送。」

新上司初到一個單位任職，大多數人都會擔心下屬讓他們為難，不配合他們的工作。如果由於下屬的不配合導致他的工作局面難以開拓，拿不出業績，對他來說是相當不利的，因為作為一個部門的主要負責人，他所承擔的責任和所承載的壓力都更大。因此為了保險起見，有不少人選擇「一朝天子一朝臣」的做法，帶一些得力的助手幫助自己在新的環境中完成工作的起步。雖然這不是很高明的做法，但站在上司的立場上看這件事，也確實合情合理。

既然要和親信一起打天下，政策自然要向親信們傾斜，只是這樣一來，可就苦了老員工了。他們已經為公司效力很長一段時間，是公司的有功之臣，面對「空降」的上司根本不把他們放在眼裡，不給他們表現的機會，心裡本來就有很大的落差，如果此時上司還在人格和尊嚴上忽視他們，指派一些對他們不尊重的工作，下屬心裡就更不好受了。

長期這樣下去，他們肯定感到心力交瘁，甚至萌生離職的念頭。究其原因，上司不公平的對待對他們而言，在很大程度上就是一種冷暴力。

怎樣才能在遭遇了冷暴力之後，將自己從這種情緒的泥淖中拯救出來呢？試圖改變新上司顯然是不明智的，而且風險指數很高。因為每個上司都有自己的工作方式、風格和品性，這些是難以改變的。作為下屬，最好的方式就是放棄試圖改變上司的念頭和幻想，不抱怨、不消極，積極調整自己的心態和工作方式，主動去適應新上司。

主動配合他的工作，向他表明你的友好。新上司到一個新的環境中，他需要時間來熟悉工作和環境。這時，如果老員工能主動為新上司打理一些事情，並配合他的工作，他會很高興，同時也能讓他儘快進入角色。如果有條件，不妨提前瞭解上司的工作方式、風格和品性，投其所好，也許會事半功倍。

經受考驗，等待時機。即使發覺上司的做法非常過分，嚴重有失公平，也不要當面質問他或者在其他同事面前表現出牢騷滿腹的樣子。如果你很珍惜這份工作，不想離職或被調離，那麼你不妨先忍一忍。在心裡安慰自己，這一切都是暫時的，這是對自己的考驗。

只要把心態放開，本來無法忍受的事情在你看來都不算什麼。有了這樣的豪邁氣概，你的心情也會開朗許多。一旦上司發現了你很有度量，他極有可能會珍惜你這個人才，到時候你就可以好好展示自己的業務水準，在新上司面前打個翻身仗。

PART 3

可利用才能被錄用

01

上班的本質就是利益交換

職場大補帖

無論是你與老闆之間，或者你與同事之間，最根本的關係是經濟關係。你和老闆以及與同事之間的互動多是利益的交換，各有所需並各有貢獻。所以你必須清楚自己的可用之處，這樣既能明白自己拿什麼與別人交換，也能明白別人看重自己哪一方面。

讓人為己所用，並不僅僅討得他的歡心就可以了，更要讓對方知道自己的可用之處，雙方利益交換，對方才會更為爽快。古往今來，小人物在討好大人物時，莫不是或明或暗地透露出自己的可用之處，讓那些大人物意識到有朝一日，必有能用到自己的地方，然後才會對自己不吝提攜。

有一家專營兒童玩具的公司，在它創業初期，產品銷路不暢。公司的董事長就到各地去做旅行推銷，希望代理商們積極配合，使他們生產的玩具能夠打入各級市場。

有一次，董事長召集各個代理商，向他們介紹新產品。董事長對參加談判的各代理商說：「經過許多年的苦心研究和創造，本公司終於完成了這項能開發兒童智力、外形可愛、材質性能安全的產品。雖然它還稱不上是一流的產品，但是，我仍然要拜託各位，以一流的產品價格來向本公司購買。」

在場的人聽了董事長的陳述不禁譁然：「誰願意以購買一流產品的價格來買二流的產品呢？你怎麼會說出這樣的話？」大家都以懷疑和莫名其妙的眼光看著董事長。

董事長望著大家微微一笑，說出了下面一番話。

「大家知道，目前兒童玩具行業中可以稱得上一流的，全國只有一家。因此，他們算是壟斷了整個市場，即他們任意抬高價格，大家也仍然要去購買，如果有同樣優良的產品，但價格便宜一些的話，對大家不是種福音嗎？」

經過董事長這麼一說，大家似乎明白了一點兒。

然後，董事長接著說：「就拳擊比賽來說吧！不可否認，拳王阿里的實力誰也不能忽視。但是，如果沒有人和他對抗的話，這場拳擊賽就沒辦法成立了。因此，必須要有個實力相當、身手不凡的對手來和阿里打拳，這樣的拳擊才會精采。現在，兒童玩具業中就好比只有阿里一個人，因此，你們也賺不了多少錢。如果這個時候出現一位對手的話，就有了互相競爭的機會。換句話說，把優良的新產品以低廉的價格提供給各位，大家一定能得到更多的利潤。」

聽到這裡，代理商們不禁微微含笑。董事長認為攤牌的時間已經到了。他說：「我想，另外一位阿里就由我來充當好了。為什麼目前本公司只能製造二流的玩具呢？這是因為本公司資金不足，所以無法在技術上有所突破。如果各位肯幫忙，以一流的產品價格來購買本公司二流的產品，這樣我就可以籌集到一筆資金，把這筆資金用於技術更新或改造。而不久的將來，本公司一定可以製造出優良的產品。

這樣一來，玩具製造業就等於出現了兩個阿里，在彼此大力競爭之下，毫無疑問，產品品質必然會提高，價格也會降低。到了那個時候，我仍然會給你們極大的優惠。此刻，我只希望你們能夠幫助我扮演『阿里的對手』這個角色。但願你們能不斷地支持、幫助本公司渡過難關。」話音剛落，一陣熱烈的掌聲掩蓋了嘈雜聲。

董事長的發言產生了極大的迴響，收到了很好的談判效果。為了以後的利益，代理商們不僅擴大訂單，而且願意出一流產品的價格購買。

這裡，董事長是求人者，代理商是被求者，董事長的這次求人獲得了極大的成功。所以要謹記，沒有人願意平白無故地幫助他人，除非雙方可以進行利益交換。讓對方看到你的可用之處，你成功的機率才會大大提高。

02

好事一旦做盡會遭人怨恨

職場大補帖

假如你把所有的糖果吃完，別人會不會因為沒吃到糖果而有意見？答案顯然是肯定的。由此推及到職場，不要將好事做盡，也給別人表現的機會，這樣你才不會遭人怨恨。

茅盾曾經說過：「對於醜惡沒有強烈憎恨的人，也不會對於美善有強烈的執著。」社會中總有一些善良的「羔羊」，對任何人、任何事都力求做到面面俱到，取悅於每一個人、執著於每一件事，即使栽了跟頭也無怨無悔。

他們對這個世界沒有一絲一毫的敵意，妄圖承受一切，讓周圍所有的人因為自己的存在而得益，這種想法是善良的，但就是這種善良與周全使他們在現實中處處碰壁。

一天，父子倆趕著一頭驢進城，子在前，父在後，半路上有人笑他們：「真笨，有驢子竟然不騎！」父親覺得有理，便叫兒子騎上驢，自己跟著走。

走了不久，又有人說：「真是不孝的兒子，竟然讓自己的父親走路！」父親趕忙叫兒子下來，自己騎上驢。

走了一會兒，又有人說：「真是狠心的父親，自己騎驢，讓孩子走路，不怕把孩子累死？」父親連忙叫兒子也騎上驢背，這下子總該沒人有意見了吧！誰知又有人說：「兩個人騎在驢背上，不怕把那瘦驢壓死？」父子倆趕快溜下驢背，把驢子四隻腳綁起來，一前一後用棍子扛著。經過一座橋時，驢子因為不舒服，掙扎了一下，結果掉到河裡淹死了！

不管是什麼樣的心理，但你要知道一點：想面面俱到，不得罪任何人，又想討好每一個人，那是絕對不可能的，因為在做人方面，你不可能顧及到每一個人的面子和利益，你認為顧到了，別人卻不一定這麼認為，甚至根本不領情也有可能；在做事方面，你也不可能顧到每一個人的立場，每個人的主觀感受和需要都不同，你要讓每個人滿意，事實上，總會有人不滿。恪守自己的原則，做自己認為該做的事，會有人稱讚你，也會有人罵你，但如果你想面面俱到，恐怕結果是每個人都笑你。

有一個耐人尋味的故事，講述的是一位女士結婚不久就離婚了，離婚的原因聽起來卻像天方夜譚。用她丈夫的話說：「妳對我們太好了，我們都覺得受不了。」原來這位女士非常喜歡關心照顧別人，甚至到了狂熱的地步。每天除了正常的工作外，所有的家務，包括買菜、做飯、洗衣服、擦地板，等等，都由她一個人包辦，別人都不能插手，弄得丈夫、公公、婆婆覺得像住在別人家裡一樣。所有的好事幾乎都被她做盡了。久而久之，全家人對其忍無可忍，終於提出要讓她離開這個家庭，因為他們都感到心理不平衡。

人際交往中要有所保留，初入職場或者社交圈中的人常犯的一個錯誤，就是「好事一次做盡」，以為自己全心全意為對方做事一定會關係更融洽、密切。

事實上並非如此，因為人不能一味接受別人的付出，否則心理就會失衡。

「滴水之恩，湧泉相報」，這也是為了使關係平衡的一種做法。如果好事一次做盡，使人感到無法回報或沒有機會回報的時候，愧疚感就會讓受惠的一方選擇疏遠。留有餘地，好事不應一次做盡，這也是平衡人際關係的重要準則。

如果想取悅別人，而且想和別人維持長久的關係，不妨適當地給別人一個機會，讓別人有所回報，才會不至於因為內心的壓力而疏遠了雙方的關係。「過度投資」，不給對方喘息的機會，會讓對方的心靈窒息。不面面俱到，留有餘地，彼此才能自由暢快地呼吸，才能給心靈一個足夠的空間來容納彼此。

03

主動推銷自己才能達到目的

職場大補帖

有自我推銷意識的人，絕對不會被動地聽從命運的擺佈，而是主動地去創造自己的命運，當自己命運的主人。他們主動握手，在別人還沒有伸出手前，以此表達自己的熱情和力量。他們勇於搭建自己的舞台。

現代社會是一個推銷社會，我們每一個人都需要推銷，我們每一個人也都在從事推銷。我們無時無刻不在推銷自己的思想、觀點、產品、成就、服務、主張、感情，如此等等。

從出生的那刻起，我們就一直在推銷。嬰兒又哭又鬧，於是媽媽把他抱在懷裡，將奶瓶塞到他嘴裡。小時候，你用哭鬧向媽媽推銷，接到的訂單就是牛奶和媽媽溫暖的懷抱；

當你稍大一點的時候，你就裝模作樣，向媽媽推銷你的天真、活潑和可愛的天性；

當你知道錢可買東西的時候，你又採取「賴皮式推銷法」一直哭到父母給零用錢為止；

後來，你又向母親推銷你的看法，哄取錢來買這買那；

你向老師推銷，要求他給你記一個高一點的分數；

你向戀人推銷感情，你的第一次約會就是推銷，說服對方相信你能給她（或他）帶來「安全、幸福和快樂的一生」；

你向朋友推銷你的「坦率和真誠」；

你向愛人推銷「忠誠、關心、體貼和永不磨滅的愛情」；

你向上司推銷你的建議；
你向兒女們推銷為人處世的道理；
你向部下推銷你的決策；
你向社會推銷你的理論；
演員向觀眾推銷表演藝術；
發明家推銷自己的發明；
律師向法官推銷辯護理由；
老師向學生推銷科學文化知識；
傳教士推銷宗教教義和「進入天堂的門票」；
政治家推銷政見；
作家推銷故事情節；
畫家推銷美感；
男人推銷自己的風度和才華；
女人推銷自己的溫柔和美麗；

服裝模特兒推銷傲人的線條和流行款式、色調。

……

推銷現象無時不在、無處不在，上至國家元首，下至平民百姓，無一不需要推銷。日本著名推銷家齊藤竹之助在介紹銷售經驗時曾說：「人們無論是什麼工作，實際上都是在進行自我推銷，不管你是什麼人，從事何種工作，無論你的願望是什麼，若要達到你的目的，就必須具備向別人進行自我推銷的能力，只有透過顯示自己，也就是透過自我推銷，才能達到你的目的。實際上，每個人都是『推銷員』。」

可以說，只要你從事一項事業，你就是一位推銷員。這不是可以由你選擇的事。也許你是一位基層幹部、工程師、廠長、祕書、木匠、化學家、設計員、副總經理——任何職位都無關緊要，重要的是記得你是一位「推銷員」。

做生意靠推銷，做人也靠推銷。美國鋼鐵大王卡內基曾說過：「瞭解推銷的技巧和方法，你就能夠獲得成功，並且名利雙收。」

「推銷」就是把產品「賣出去」。從傳統、狹義的觀點來看推銷員，他是企業和消費者之間的橋梁，是將商品或服務賣給顧客的人。但是，若以現代、廣義的角度來看人生或社會上的各行各業，我們將不難發現，推銷員的定義已無法侷限在只是銷售販賣商品的人。換句話說，不管任何人，也不管從事什麼行業，若想獲得成功，都不得不走入推銷的領域，學習推銷的觀念、技巧和方法，使自己成為一位傑出的「推銷員」。只有學會做一個「推銷員」，才知道如何將商品、觀念、智慧傳送給適當的顧客。傑出偉大的政治家、外交官是如此，從事其他行業的人又何嘗不是如此呢？

「推銷」的意義，用現代商場流行的術語來說，就是「賣」。「推銷員」就是把自己獨特的人格、形象、觀念、才能或商品、服務，推銷給顧客。因此，不管是企業家、政治家、藝術家、宗教家、科學家、思想家……若想攀登事業的巔峰成為頂尖人物，一定要懂得「推銷術」，也一定要以「專業的推銷員」自我衡量。

成功的人，不管是企業家、政治家、外交官，甚至科學家、藝術家、宗教家、學者專家、演藝人員……他們的成功無一不是善於推銷的結果。不管他們推銷的是商品、服務、觀念、政策、知識、人格、娛樂……如果他們不懂、不善於自我推銷，甚至不從事推銷，那麼，他們只能在自己的象牙塔中孤芳自賞，自我陶醉，絕不可能發揮才能，實現自身價值。

換句話說，成功的人，必定是善於把自己「賣」給顧客的「推銷員」。這在科技突飛猛進，資訊發達，新產品推陳出新，傳播技術日新月異的今天，尤其能顯出其中的意義和重要性。

要成為傑出偉大的「推銷員」，就要懂得「賣」的方法和技巧，要熟悉「賣」的原理原則、戰略戰術。亦即所謂的「專業推銷術」。「人生無處不推銷」，只要你能效法傑出推銷員的推銷風格，並且培養推銷員應具備的條件，使自己成為擁有創意、信心、智慧、堅持、熱情及特色的「推銷員」，未來的世界必定是屬於你的。

政治家、外交官，因為深諳推銷的原理、原則，且能將之應用在自己的工作和目標之上，得以施展抱負、推行政策、實現理想，個人更因此而功成名就，名垂青史。從事其他的工作或事業，又何嘗不能學習他們，為自己開創光明的事業前程呢？

一位成功的企業家曾說：「這個世界是由四種人組成的。第一種人讓事情發生；第二種人看著事情發生；第三種人想知道發生了什麼事情；第四種人則全然不知發生了什麼事情。他相信上帝在第一種人身上，而這種子是否發芽、開花、結果，則全在於我們自己。」生活中的大多數人所擁有的才能，比他們實際擁有的多得多。而他們成功與否，關鍵不在於他們擁有多少才能，而在於他們如何運用自己的才能。

所以，自我推銷是一種關鍵的能力，這種能力讓我們成為第一種人，成為主動者和掌控者，成為能夠把握自己命運的強者。不要為自己身上擁有的才能沾沾自喜，而是應該主動進行自我推銷，為自己的才能找到一個好的歸宿，從而讓它升值。正像愛迪生所說的「天才是一％的靈感加上九十九％的勤奮」一樣，一個精采的人生是一％的才能加上九十九％的運用。

04

公司看重的是你創造價值的能力

職場大補帖

企業的本質是利潤，而商人的本質是逐利。幫助老闆獲利是你的唯一工作。只要你能創造價值，職位和薪水自然會隨之而來。

工作就是生產。從經濟學角度來講，生產的含義是十分廣泛的，它不僅僅意味著製造了一台機器或生產出一些鋼材等，它還包含了各式各樣的經濟活動。如：律師為他人打官司，商場的經營，醫生為病人看病等等。這些活動都涉及到某個人或經濟實體提供產品或服務。因此簡單的說，任何創造價值的活動都是生產，工作就是創造價值的活動。

工作創造的價值不僅相對於人類，對社會發展有益，更現實地講，個人因為工作創造的價值或者經濟效益對個人本身更有益。這是一個很淺顯的道理，老闆從個人創造的效益中獲得利潤，並為員工的勞動支付報酬；員工因為獲得報酬而使自己的錢包鼓起來，進而過著較好的生活。

在與老闆的經濟關係中，創造價值的人也是產品。員工靠出賣人力（勞動力）實現贏利，薪酬是按勞分配所得，並在實踐中累積經驗實現增值，進而實現擴大再生產；老闆出資購買生產資料，生產工具和「人力」組成企業，生產產品和提供服務，賺取利潤，利潤靠按資分配給老闆。所以「人力」和其他生產資料一樣都是商品。

人力既然是商品，就要有商品的特徵：價值，價格，品質等。價值又分價值和使用價值，人力的價值怎麼定，很多專家認為與人的受教育程度，即文憑高低有關。而人力的使用價值，則與人的實踐經驗，專業技能有關，用人單位（確切的說是買方）看重的是「人力」的使用價值，因此，作為買方一定要先識人，認準其使用價值，並放在合適的崗位。作為賣方，一定要認識自己的長處，尋找到能夠發揮自己長處的舞台。

決定薪水的不是學歷，不是外貌，而是你的使用價值。

使用價值這個概念是對老闆而言，從員工的角度來說，創造價值這個詞語表達的含義更為確切——你的創造價值能力強，在老闆眼裡，就是你的使用價值高；反之，你在老闆眼裡就不值得一提。

創造價值的能力決定著你的身價和薪水，工作是體現個人價值的試金石。任何人都應該找出自己在工作中的重要價值，需要用心好好地想一想，自己在做什麼？自己是否提供必須的服務？自己是否看到完成的產品？自己是否是位發號施令者？然後再問自己，因為我的投入，這份工作是否不一樣？

正確的價值觀在個人成就感及付出中扮演著重要角色，你的努力使工作成績不斷提升，你的價值就在工作任務的完成中實現。

搞清楚自己在職場中到底值多少錢，具有重要的現實意義，比如你覺得自己的付出和回報不對稱，你想和老闆談加薪的問題。知道自己值多少錢會使你不論在和舊老闆談加薪還是和新老闆談薪資都做到心中有數。

瞭解自己的價值需要從兩個方面把握：首先從自身教育、工作年資、工作經驗值、職業技能等多方面給自己打分，然後根據市場上和自己同等能力的人的薪資水準來判斷自己的個人價值。當你將自己的薪水和市場上同等職位的薪水一比較，你就知道自己該約老闆談一下，或者準備跳槽。

要想在職場上獲得高薪，唯一不變的事情，就是要不斷增強自己創造價值的能力。而一些工作不太積極的員工，他們工作的目的只不過是為了一份工資，「只要對得起那份工資就可以了」是他們的口頭禪。這類員工在工作中不可能積極主動，他們大多抱著做一天和尚撞一天鐘的觀點，因此往往會成為企業管理的「雞肋」。這類員工往往會成為企業的包袱，一旦有更好的員工可以替代他們，他們也就必然會被企業拋棄。

有這樣一個故事：

有一天，一個窮困潦倒年輕人在山林裡遇到了一個腿受了傷的白鬍子老頭，年輕人背著他走了很遠，到了老頭的家裡。老頭到家後他的傷就好了，原來他是一個仙人。

仙人知道年輕人的情況，提出要感謝他。於是，祂用手指點著身邊的一塊小石頭——石頭瞬間變成了金子！這就是點石成金的法術。

但是年輕人不要。

仙人以為他嫌少了，又點了一塊大石頭，一下子大石頭也變成了金子，但是年輕人還是不要。

這可是夠他吃用一輩子的了，於是仙人問他到底想要什麼？

年輕人說：「我想要你這個手指頭！」

我們雖然不能像這個年輕人一樣貪心，但應該學習他的思維方式。小石塊、大石塊就像我們追求的薪水與職位一樣，我們是無法完全掌握的，它們有太多太多的不確定因素，雖然也是我們勞動所得，但往往是無法相符的。你做得再好，職位不會高過老闆；你拿的再多，所得不會大於你的付出，你的命運依然握在老闆的手裡。

仙人的手指其實就是創造價值的能力。只有擁有了這種能力，你的生活才可能有確定的保障，你可能用它來爭取職位和薪水，而且是隨時可以去不同的地方求得。有了這樣的手指，你可以創造出一生也享之不盡的財富。所以，我們在工作中，不應過分的關注職位的高低與薪水的多少，我們應更多的反省自己：「我創造價值的能力有沒有增加？」

05

懷才不遇其實就是「供大於求」

職場大補帖

懷才不遇存在著兩種可能：一種可能是你的才能沒有找到匹配的地方，另外一種可能是和你能力相當的人太多了，供大於求。無論你擁有何種技藝，只要供大於求，你的才能就不會值錢。

小人得志與懷才不遇的現象也是人生逆向選擇的表現，有的人努力一生，卻一無所獲；有的人幾乎不用任何努力，便有機遇垂青。在學習上努力可以讓你的成績倍增，但在社會上，努力與結果並不總是成正比關係，你努力了，不一定會有結果。

我們的周圍總是有這樣的一群人，他們有著令人羨慕的天賦與才華，卻總是在碌碌無為的工作中焦灼不安；他們空有滿腹經綸，只能無奈於「知音少，弦斷有誰聽」；論能力，他們是佼佼者，箇中翹楚；他們是人們常說的千里馬，卻又不得不接受懷才不遇的事實。

你是他們其中的一分子嗎？倘若遭遇這樣的問題，又該如何面對解決呢？

中國懷才不遇的鼻祖可以說是屈原了。屈原是中國著名的愛國主義詩人和偉大的政治家。他創立了「楚辭」這種文體，也開創了「香草美人」的傳統。《離騷》《九章》《九歌》《天問》是他的主要作品，其中《離騷》是中國最長的抒情詩。

《史記》有傳，屈原早年受楚懷王信任，任左徒、三閭大夫，常與懷王商議國事，參與法律的制定，主張章明法度，舉賢任能，改革政治。同時主持外交事務，主張楚國與齊國聯合，共同抗衡秦國。在屈原努力下，楚國國力有所增強。但由於自身性格耿直加上他人讒言與排擠，屈原逐漸被楚懷王疏遠。

西元前三〇五年，屈原反對楚懷王與秦國訂盟，但不為重視，楚國徹底投入了秦的懷抱。楚王聽人讒言，遠離屈原，使得屈原亦被逐出郢都，流落到漢北。流放期間，屈原感到心中鬱悶因此開始文學創作，在作品中洋溢著對楚地、楚風的眷戀和為民報國的熱情。其作品文字華麗，想像奇特，比喻新奇，內涵深刻，成為中國文學的起源之一。

西元前二七八年，秦國大將白起揮兵南下，攻破了郢都，屈原在絕望和悲憤之下懷抱大石投汨羅江而死。

屈原空有一身才華，不為當政者重視，最終才無用武之地，國破人亡，後人極其唏噓感歎，將「懷才不遇」作為屈原一生命運的最好注腳。「懷才不遇」是有真才而沒有施展才華的平台、機會和空間，是千里馬找不到伯樂的情況。

王先生就曾遇到這樣的境遇。他原先是一個跨國公司的行銷副總監，有豐富的行銷和管理經驗，能力非常強，業績也很突出。某企業花了半年時間把王先生挖角過來，並任命他為行銷總監。這位王總監花了三個月的時間把工作做得有聲有色，頗有成績。然而，就在大家普遍看好這位年輕的行銷總監時，他卻毅然決然地辭職而去。

辭職的主要原因有四點：第一是企業不信任，不放權，有總監之名，無總監之實，基本上相當於一般的區域經理，總監的工作無法正常有效地開展實施；第二是在討論企業重大決策時，公司高層總是視他的建議為牴觸和不服從的表現；第三是在他推行公司已經認可的改革而危及部分人的利益時，公司領導人不支持，甚至將計劃放在一邊不聞不問；第四是在他出現小的工作失誤時，公司領導人對其全盤否定。

在這種情況下，王先生毅然離去，就是基於「懷才而不遇伯樂」的原因，有力無處使，有力無法使。出於良心和職業道德，王先生三個月來努力把工作開展得「頗有成績」；但出於長遠的考慮，所有「懷才」之人都不會繼續待下去的。

今天，我們身處這個人才全球自由流動的時代，面對「懷才不遇」的古老話題，情況也今非昔比了。許多單位在選人、用人方面的觀念、制度上都發生了翻天覆地的變化，人才流動的管道前所未有的寬暢、自由、公正、透明。可以說在這種新的環境下，懷才不遇的現象有了很大改善。另外，人們面對「懷才不遇」時，不應該抱怨「明珠埋沒」，而是要做出新的思考定義。

比爾・蓋茲說：「生命是不公平的，但你要去適應它。」是的，「懷才」者也要適應環境，否則只能「不遇」了。如果某一個環境確實讓自己感到「懷才不遇」，就要快速地離開那裡，外面的天地無限廣闊。所謂「才」，當然也包括了適應環境、克服困難、脫穎而出的能力。

金無足赤，人無完人。每個人都有自己的核心優勢和競爭力，也有自己固有的缺點和劣勢。才非天生，絕大多數的才能為後天所學，由於天賦等各方面的條件，人各懷有其才，只不過「大才」還是「小才」而已。在大多數情況下，「才」無非是人們謀求生存的一個技能。一般的人，只要不自我誇大所懷之才，又能滿足自己的生存狀態，就不會常常有「懷才不遇」的感歎。

懷才之人與社會需求的關係其實就是「供」與「求」的關係。聰明的人，面對多變的市場需求，不在感歎中浪費時間，而是多學幾種技能，使自己更加充實，這些人才是真正的「懷才」之人。

與懷才不遇相反的情況是「小人得志」，一般而言，在「懷才不遇」的君子眼裡，得志的都是小人。比如小人善於溜鬚拍馬，善於諂媚奉承。但是，為什麼偏偏這些人就容易得志？很簡單，沒有人不喜歡知音。高處不勝寒，位置高高在上的人也希望有朋友，希望得到關心，所以，清高的「才子」當然比不過比較有人情味的「小人」了。

所以小人得志也好，懷才不遇也好，雖然這屬於人生裡逆向選擇的表現，處理這類問題的關鍵還要看自己的心態。人的成功是一輩子的事情，有的人少年事業有成，卻晚景淒涼；有的人年輕碌碌無為，但卻大器晚成。與其面對人生裡的逆向選擇枉自嗟歎，倒不如學學姜太公，踏踏實實地釣魚。真金不怕火煉，只要你有本領並用心等待時機，總有一天會成功的。

06 正確看待自己的身價

職場大補帖

老闆並不怕要價高的人，只要你有他所需要的才能，年薪向來都不是問題。相反的，如果你不能正確對待自己的身價，不敢要價，老闆就有可能不會重視你。

隨著職場競爭越來越激烈，在戰場上都是真槍實彈，諸如「你值多少錢」、「你到底幾斤幾兩」之類的問題已經不再「傷人」，相反，這些問題因為夠直接、夠潑辣、夠現實，越來越受大家的歡迎。

很多人一邊問別人，一邊自己在琢磨：我到底值多少錢？這是個人在職場上的市場價值衡量問題。在經濟學上，市場價值是指，生產部門所耗費的社會必要勞動時間形成的商品的社會價值。例如某種產品的總量，是由不同生產條件的各個企業生產出來的，它們具有不同的個別價值。全部商品的個別價值的總和，構成這種商品總量的價值總額。以商品總量除價值總額所得到的單位商品的平均價值，也就是這種商品的市場價值。

市場價值是自願買方和自願賣方，在各自理性行事且未受任何強迫的情況下，評估物件在評估基準日進行正常公平交易的價值估計數額。由此，我們可以總結出影響市場價值變化的因素：商品總量、價值總額、商品的稀缺性、正常公平交易。

裕華，三十歲，二十三歲時大學畢業。一畢業就進入某大電子集團工作，短短七年間已經從一個業務員上升到公司的經理，薪水從三萬元升到年薪百萬。

當別人向他請教節節高升的祕密時，這位職場上的常勝將軍告訴別人：要想晉升和高薪，就要弄清楚影響職場身價競爭到底有哪些因素？他笑著說，將自己看作是商品，以此來推演職場，任何一個人進入職場後，身價都會受到同類人才數量、市場價格水準、自身資源稀有性、人才競爭環境等四個因素的影響，只要能善用分析自己在這四項因素中所處環境的優劣，就能從中自抬身價。

這就是職場市場價值提升的祕訣。結合市場價值的定義，我們就會發現：同類人才數量類似於商品總量——總量越多，商品越不值錢；市場價格水準類似於價值總額——價值總額越大或者市場價格水準越高，個人越可能獲得高薪；自身資源稀有性類似於商品的稀缺性；人才競爭環境類似於公平交易——暗箱操作從來不按市場規律辦事。

對於如何抬高我們的身價，人力資源專家給出了如下建議：

首先，我們應該將自身的品牌在市場上得到宣傳——這等同於要家裡種植的白菜拉到市場上。越多的人知道我們，我們獲得高薪的機會就越高。口碑不僅造就知名度，而且還能出效益。營造口碑的祕訣在於聯想度，適時突顯自己的興趣、專長、擅長主題、或做事風格，容易讓別人在需要的場合聯想到你，如此你出線的機率也會相對提高了。

其次要透過誠意展現敬業精神。這等同於白菜的口感，口感越好越熱銷。

敬業精神是讓身價加分的好方法。比如，對談或會議前做好充分的準備，快速切入重點展現效率；隨時保持和主管或相關單位良好的溝通管道，有問題儘快釐清，定期回報進度準沒錯；善於使用時間，準時完成工作。

第三要注意自己的儀表形象。不可諱言，職場上必定存在美貌的偏見。美貌會使大家將許多如樂觀、善良等好的特質加諸在這個人身上，但若是只有美貌卻無能的空殼子，則會造成反效果。除了適當的打扮自己、突顯優點外，訓練口才、表達能力這些肉眼看不到的內在更重要。我們可以不是天生麗質，但一定要是裝扮到位。

第四是儘量讓自己「稀缺」。工作的本質是為老闆解決問題和創造價值，白菜不是稀缺品，所以永遠不可能實現黃金一樣的價格。黃金很稀缺，所以永遠不會淪落到白菜價。待過高知名度的企業、擁有冷門卻潛力十足的學歷，或藉由不同的工作經歷累積多元處事能力，稀有性就是你無可取代的價值，當競爭對手越少，目標就越容易成為你的囊中物。

第五是透過證照來顯示自己的專業性。這個時代，比學歷更有用的東西叫證照，各行各業為了提升它們的價值，不斷的將專業技術證照化，藉由修習特定課程或測驗認證，人才可以更具體化的被衡量。舉凡金融、法律、行銷、資訊科技等領域，持有一張薄薄的紙，加分成效絕對出人意料。

第六是經由職位的變化來反映自己的能力與時俱進。位置坐越久越值錢的傳統觀念正慢慢被顛覆，不是說經驗老到不好，而是隨著你的年資增加，你的工作成績也必須正向成長才行。如果你做五年還是只做得和第一年一樣好且不出錯，也難保不會被淘汰，因為大家對年資的期待隱含著對績效的期待，更何況年紀大還有許多其他需要擔心的風險。

最後，要想實現身價的飛躍，最好要先學會如何使用和借鑑專業資源和專業機構。市場上有專業的人力資源專家為個人的發展提供建議和指導，也有專門的獵頭公司一直在為公司尋找優秀的人才。

獵頭公司瞭解雇主的底限，以推薦最適人才為任務，可以幫助個人談到期望的條件。你最好與一名獵頭成為朋友，他不僅能夠將你高價推銷出去，還會成為你的職業發展顧問，讓你時時知道職場上的最新「薪」息。

07

讓自己成爲市場的搶手貨

職場大補帖

物以稀為貴，某種東西多了就不值錢。由此推及到職場，要想讓自己成為市場的搶手貨，就必須使自己成為稀缺資源。

隨著跳槽現象的普遍，獵頭不再是神祕行業，越來越多優秀的人接觸獵頭顧問或被獵。

兩年前，法國一家著名食品企業打算開拓中國市場，需要在中國尋找一位合適的女性擔任中華區副總裁的職位。在瞭解到客戶的此項需求之後，某獵頭公司迅速在快速消費品行業內部展開了緊鑼密鼓地搜尋。

經過和五十名左右候選人的詳談，最終該獵頭公司為該企業推薦了五名候選人。經過全程參與法國公司對候選人的面試，法國公司中方代表最終挑選了三名候選人，並推薦給總公司進行最終的面試。最終，候選人張莉被成功錄用。

張莉原本就職於某知名食品企業，擔任市場總監。雖然擁有一份旁人羨慕的工作，但她深知，在這個公司她已經遇到了所謂的天花板，期待獲得更大發展空間已經不太現實。就在她為是否跳槽而猶豫時，獵頭公司打了電話給她。

沒有任何跳槽經驗的她，一開始對獵頭提供的職位不是很感興趣，因為雖然獵頭給出的條件很誘人，但是潛在的風險也非常大。經過再三的考慮，她還是決定給自己一個挑戰更高平台的機會，經過專業獵頭公司的面試指導，張莉從五十名候選人當中脫穎而出，成功踏上了中華區副總裁的黃金寶座。

這只是一個普通的獵頭案例。「二十一世紀的競爭是人才的競爭」這句話真實地道出這個十倍速時代的特徵。「獵頭」就是幫助招聘企業參與人力資源市場，掠奪優秀人才的主力軍。「掠奪」可能有些刺耳，但是這個詞最真切地反映出獵頭公司的工作狀態——一名優秀人才常常會被多家用人單位爭搶。

在古典經濟學家那裡，人力、土地、資本一起構成了最重要的生產要素，但是真正對人力資本的研究卻是到二十世紀初期。美國著名人力資本經濟學家舒爾茨發現，一般資產投入產出的經濟學規律是報酬遞減，知識資產是報酬遞增，而知識資產的最核心部分就是人力資本。優秀企業成功的根基絕不是掌握的先進技術，而是優秀的人才資源。

用人單位之所以會委託獵頭公司進行人才招聘，主要原因之一是由中高級人才的「隱蔽性」和「稀缺性」所決定。中高級人才是企業的寶貴財富，他們大部分都有較好的職位和待遇，就算有跳槽的想法，也不會輕易在公開的人才交流場所露面，因此看來他們是「隱蔽」的。

人力資源一直是企業最稀缺的資源，這對於企業家來說，可以說是一個常識，但是如何發現企業最需要的人力資源，卻是一門科學。這門科學的最核心部分，就是發現人力資源的市場價格。稀缺資源可能是因為它本身就非常稀缺，例如黃金等稀有物品，但也可能是由於資源市場訊息不對稱，或者發現成本太高所產生的稀缺。

人力資源的稀缺大都屬於後者。獵頭公司擁有豐富的人才資訊資源，以尋找和推薦人才為主業，他們擁有豐富的人才資料庫；擁有對某些行業的深入瞭解，擁有對某幾類人才從素質到成本等方面的廣泛資訊；擁有專業化的人才搜索技術。這樣他們能在市場上在不做任何聲張的情況下，悄悄地找到所需要的目標人才。

另外，解決人力資源稀缺的重點在於存在一個有效的人力資源市場定價機制。獵頭公司就是這樣一種職業經理人的市場定價機制。

現代「經濟人」的主要特徵是追求經濟價值的最大化。經濟價值有多方面的表現，所有的貨幣表現——資本、成本、工資、價格、收入、營業額、利潤等——都是經濟價值的表現。獵頭的英文是「Head hunting或Executive Search」，有人把它翻譯成「捕獲職業經理人」。它非常形象地描述了職業經理人的市場定價機制原理：只有獵人知道獵物的價值。

獵頭公司能夠很好地實現人才成本等同於市場價格，一方面使企業不致於成本無謂過高，另一方面使人才不會因為薪資低於市場水準而不穩定。

獵頭只為從來不愁找工作的人找工作，給最有價值的人才提供實現更大價值的機會，給不缺機會的人提供更好的機會。很多人會認為獵頭就是幫人介紹工作的仲介公司，但它其實跟仲介公司是有所不同的，它表現在：獵頭公司是物色高級人才的，他們的職位都在經理級別以上；他們是有目標地尋找人才；他們是客戶的顧問，不僅要說明客戶瞭解人才市場，進行職位定位，搜集相關人才的情況，還要為客戶面試篩選候選人。

某獵頭公司，對近兩年已經成功推薦出去的三百名職業經理人所做的調查顯示，優秀人才至少具備以下幾方面素質：

一、**有良好的教育背景**：一半的人有國外教育背景，三分之二的人有碩士以上學位。

二、**有良好的工作經歷**：八成的人有知名企業工作經驗，七成的人有外企經驗。

三、**工作能力強**：九成的人都能熟練使用英語，九成五的人擁有中層以上管理經驗。

四、專業性強：九成五的人擁有專業證書，行業從業經驗都在八年以上。

在獵頭公司這裡，學歷並不是最重要的。獵頭顧問們更看重的是個人的業績和實戰能力。要想被獵頭關注，你需要讓自己的工作成績更出色，並以此來證明你的工作能力。

08 要善於運用人們的利己思想

職場大補帖

人際關係是職場上的一門大學問。而求人的情況會時常發生。要想求人順利，必須洞悉到求人的關鍵密碼：對方的利益。每個人都要利己思想，只要滿足了他的利益，你的所求之願就能得到滿足。

作為求人者都是為了爭取到一定的利益，而作為被求的對象，則是儘量保護自己的利益不受損害。如果在求人過程中，不迴避利益這個核心問題，而採用開誠佈公的方法，客觀地分析對方行動的利與弊，軟硬兼施攻破對方的心防，具體地指出自己能滿足對方哪些利益，以及滿足的途徑，設法使對方的某種需要得以滿足，如果喪失這種利益對對方也是不小的損失等，進而使求人者的最終目的——自己的需要也得到滿足，成為現實。

忠明是一家公司的人力總監。一天早上，一名年輕有為的員工走進他的辦公室，對他說剛接到一家大公司的錄用通知，這家公司承諾提供更好的待遇和福利。所以這位員工希望忠明在他離職之前，能夠安排好接任的人選。

忠明知道，那家公司是用高薪水來做釣餌，這一點自己的公司辦不到，再說以目前這位年輕人的職位和對公司的貢獻，還不值得投這個「資」。不過考慮這位年輕人今後對公司的作用，忠明開誠佈公地與他進行了交談。

他首先答應可以將年輕員工的薪金略微提高。他指出：以年輕人目前在本公司的職位，將來的升遷潛能很大。雖然目前本公司所提供的薪金與別的公司相比要低一些，但公司對它的每一位成員都不會虧待。如果年輕人能勝任當前的工作，那麼根據公司的獎勵制度，薪資就會逐年調高。

接著，他語氣一轉說道，年輕人考慮要接受的那份工作，實際上是死路一條。雖然這家公司比本公司願意提供的薪水要多一些，不過，如果他接受那家公司的工作，那麼他將來在那家公司的職位，將很難有機會繼續提升。這並非說明他能力不足，問題是這個新的職位將來沒有升遷機會。他繼續告訴年輕人，他想加入的那家公司是個家庭企業，其中的成員大多攀親帶故，一個外人很難打入權力核心。

忠明這一番語重心長的話讓年輕人似有所悟，他也知道忠明並不是開空頭支票，因為忠明說的都是在情在理符合實際的。幾天以後，這位年輕員工又回到了忠明的辦公室，告訴忠明說他已經放棄了新的工作，決定仍然留在公司裡。

忠明在跟年輕員工的這次交談中，為了能夠說服年輕有為的員工留下來，基本上採用開誠佈公的方法，分析年輕員工去與留的利弊得失。既有「軟」手段：承諾加薪，描繪美好前景；又有「硬」手段：指出跳槽的短期風險和長期風險。由於他態度中肯，且又語中要害，雖然沒有滿足年輕員工眼下的種種額外要求，但還是達到了挽留年輕員工繼續為公司服務的目的。

一般而言，在求人辦事過程中，求人者是處於不受歡迎的地位。那麼，什麼可以作為消除隔閡、溝通關係的橋梁呢？那就是共同利益。如果獲悉對方的利益所在，採用明修棧道的方法，告之以利，使求人的過程變成尋求共同利益的過程，肯定會收到良好的效果。

此外，要善於抓住制約和影響對方態度、行為的主要矛盾，或點明其癥結所在，或分析其利弊得失，或指出其解決的途徑，並以此吸引對方聽取自己的意見，也就是人們常說的要利用矛盾。

以「利用矛盾」的方法去打動所求之人，必須要有政治家和謀略家的眼光，對各種形勢深刻的瞭解，從對方「要害」處「恐嚇」對方，用硬手腕打破對方緊閉的心門。也就是說，求人者要善於用對方的利己思想來壓制住對方，就可以讓對方屈從進而改變主意，並心甘情願地為你辦事。

09

精益求精，做專家型員工

職場大補帖

一個成功的經營者曾經說過：「如果你能專注的製作好一根針，應該比你製造出粗陋的蒸汽機賺到的錢更多。」精益求精，成為專家型員工，你將不可替代。

對一個領域百分之百地精通，要比對一百個領域各精通百分之一強得多。一個擁有一項專業技能的人，要比那種樣樣不精的多面手更容易獲得成功。

一個成功者，應當專注於自己的職業，隨時都注意自己的缺陷，並設法彌補，不斷追求專業技能上的進步，讓自己成為一個行業的行家裡手。反之，如果一個人什麼都想做，要顧到這個，又要想到那個，事事只求「將就一點」，結果當然是一事無成。

重慶煤炭集團永榮電廠的羅國洲，是一名有三十年工齡的普通卻不平凡的員工，從燒鍋爐到司爐長、班長、大班長，至今他仍愛著陪伴他成長並成熟的鍋爐運行崗位。就是在這個崗位上他當上了鍋爐技師，成為中國境內遠近聞名的「鍋爐點火大王」和鍋爐「找漏高手」；就是這個崗位，讓他感受到了一名工人技師的榮耀和自豪。

羅國洲有一副聽漏的「神耳」，只要圍著鍋爐轉上一圈，就能在爐內的風聲、水聲、燃燒聲和其他聲音中，準確地聽出鍋爐受熱面是哪個部位管子有洩漏聲；從各種參數的細微變化中，準確判斷出那個部位有洩漏點。

羅國洲學歷不高、職務很低，但他卻成為社會公認的技術能手和創新能手，他的成長經歷給人們的啟迪就是：做一行，愛一行，精一行，無論我們做什麼工作，都要認真鑽研業務技能，讓自己成為崗位上的專家。

業務水準的高低直接關係著我們的服務、產品、工作品質，關係著人民群眾的切身利益，同時也關係著集體和個人利益。要做一個稱職的員工，就必須做到敬業，對自己所從事的事業精益求精，刻苦鑽研業務知識，做本行業的尖兵。

精業的本質就在於你不斷完善專業技能，達到藝術的境界。正如馬丁・路德金說的：「如果一個人是清潔工，那麼他就應該像米開朗基羅繪畫、像貝多芬譜曲、像莎士比亞寫詩那樣，以同樣的心情來清掃街道。他的工作如此出色，以致於天空和大地的居民都會對他注目讚美：『瞧，這兒有一位偉大的清潔工，他的工作做得真是無與倫比！』」

如今，老闆想要的就是精業的員工。如果你想讓自己成為一名稱職的員工，你就要把做公司的「專家員工」作為自己的座右銘，不斷地激勵自己去提高業務素質。從細節做起，從現在的工作做起，學會用心去做自己的工作，把自己當作是樂隊的指揮，把工作當作你的藝術作品去完成。

相信很多人都曾為一個問題而困惑不解：「明明自己比他人更有能力，但是成就為什麼總是遠遠落後於他人？」

對此，我們不要疑惑，不要抱怨，而應該先問問自己一些問題：

「自己是否專注於自己的工作？」

「自己是否真的走在前進的道路上？」

「自己是否像畫家仔細研究畫布一樣，仔細研究職業領域的各個細節問題？」

「為了增加自己的知識面，或者為了給你的老闆創造更多的價值，而認真閱讀過專業方面的書籍嗎？」

如果答案是肯定的，說明你正在不斷完善自己的專業技能，正朝著讓自己成為公司「專家員工」的方向努力。如果答案是否定的，那麼這就是你無法取勝的原因。如果你想讓自己成為一名稱職的員工，你就要練就自身完美的專業技能，因為這是你作為一名職員的本分。無論我們從事什麼行業，只要想在該行業中站穩腳跟、做出一番成就，就必須具備精湛的專業技能，並且還要以精益求精的態度，不斷提高自己的專業技能水準。

4

PART

才幹並不能通吃一切

01

擅於跑位會讓你贏得輕巧

職場大補帖

看足球比賽，我們會發現，最優秀的射手就是最善於捕捉機會的人，他們總能在正確的時間出現在正確的地點上。優秀的射手都是會跑位的人。同樣，優秀的員工也應當是一個善於跑位的人，無論在什麼時候，不用老闆吩咐，總能出現在最需要的位置上。

我們的工作就和一場比賽一樣，任何時候都可能有意外情況發生，這時候，積極主動的員工就要有想他人所未想的精神，隨時有補位的意識。一個能夠隨著應對工作中可能出現的問題的員工，一定會成為老闆最需要的員工。這樣的員工不會把問題留給老闆去解決，自然會得到老闆的賞識和重用。

如今的市場競爭十分激烈，企業即使分工十分明確，也可能會有一些意料之外的情況發生，出現一些無人負責的工作。以什麼樣的態度對待這些工作，可以判斷出員工的主人翁精神和責任感。有的員工認為這些事和自己的工作職責無關，即使是一件隨手可以做好的小事也不屑為之。而有的員工則能夠把這些事看作是鍛鍊自己的機會，主動去做，並且能夠腳踏實地做好。最終，前者仍然平庸，而後者卻最終登上了職業的領獎台。

紀聖是一家合資公司的普通職員，他的工作十分簡單，就是負責收發和傳送文件。當公司裡出現一些突發的事情時，其他員工總是推三阻四不願去做，而紀聖這個時候卻能夠像一個候補隊員一樣，能夠及時補上去。因為他願意多做事，從來不叫苦叫累，事情完成得也很好，所以對他的指派也越來越多，連有些本來不在他的工作範圍內的事，也常常會派給他。

有些同事開始笑他，說他正被老闆耍，做那麼多事也沒有增加薪水。可是，紀聖對這樣的議論絲毫不放在心上。他認為雜事多，自己也就有更多的學習機會，能夠得到更多的鍛鍊。至於薪水，等到自己有更多的經驗時，自然也會增加的。

後來，老闆注意到了他，對於他的工作表現十分欣賞。紀聖接手的工作越來越多，也漸漸變成一些更為重要的工作。當公司需要派人去拜訪重要客戶或者是參加重要談判時，他總是老闆的第一人選。終於有一天，公司成功上市，而紀聖則以董事會祕書的身分，成為公司的一個重要員工。

紀聖的故事告訴我們，對於員工來說，掌握的個人資源和工作資源越多，對於自己的提升也就越有利。所以，多做一些工作，有補位意識是提高你的工作地位的重要條件。

我們現在所做的工作，都是在為將來做準備，只有樹立起補位意識，才能夠把今天的每一份工作當作是鍛鍊自己的機會，進而為明天的成功累積更多的資本。

阿明和阿三住在同一村子，他們都很聰明，可是因為出身貧窮，都初中還沒畢業就輟學打工去了。由於他們倆能吃苦，不久就在一個製陶廠找到了工作，但待遇不算好，做的也是最粗重及最累的工作。

沒過多久，阿明對阿三說：他想繼續學習，已經報名了夜校想學一點工商管理的知識。

阿三並沒有表示什麼，只是點了頭笑了笑，笑聲中多少有些不屑的成分。

從那天開始，阿明開始一邊學習工廠的技術，一邊讀夜校學習工商管理知識。沒過多久，工廠開除了一名有偷竊行為的技術人員，當車間主任苦於找不到替代的相關人員時，阿明及時向班長做了毛遂自薦。很自然地，阿明得到了他想要的那份工作。

成為技術工人之後，阿明感覺自己已經找到改變前途的機會，所以工作更加賣力，學習也更加刻苦了，他運用所學的知識經常向車間主任提出自己的意見，這一切老闆都看在眼裡，記在心上。

在這家工廠工作的第三年，阿明的上司——車間主任從自己的位置上退休了，阿明也很順利地爬到了車間主任的職位，而這時的阿三還在幹著最苦最累的工作。

職業諮詢師告訴我們，一個人應該永遠同時做好兩件事，一個是現在的工作，另一個是真正想要做的工作，也就是理想中的工作。這並不是鼓勵在職的員工跳槽，而是要懂得為自己的將來做準備，當你能夠學到足以超越目前職位的技能和經驗時，你就擁有了更多的資本，就能更接近成功。

02 僅一點優勢，不足以致勝

職場大補帖

有些人稍微有些技能就目無一切。現在社會已經進入了全面競爭的時代，如果你僅僅擁有一點優勢，那不算什麼，不足以致勝。要想贏在職場，必須全面武裝自己。

美麗的孔雀看到了飛在空中的白鶴，四周的動物們也禁不住讚歎說：「快看啊！那隻白鶴多麼高潔啊！身姿多麼矯健。真好看！」

孔雀聽後心裡酸溜溜的，牠看不起白鶴羽毛的色澤，於是一邊張開美麗羽毛，一邊譏笑牠說：「我披掛得金碧輝煌，五彩繽紛，而你的羽毛一片灰暗，真是難看。」

白鶴說道：「可是我翱翔於天空，在星空中歌唱；而你卻跟公雞、鴨子和鵝這些家禽一般，只能在地上行走罷了。」

孔雀聽了，慚愧地收起展開的羽毛。

在風雲變幻的職場上，只憑一項本領和優勢是無法生存的，而且，如果固執的守著自己的唯一的優勢，有時，優點也會變成負擔。

有一個人多年羈旅，只為了到聖地朝聖。有一天，他碰到了一條大河，因此就買了一艘小船，幫他渡過了那條河。

這人把船拉上對岸時，心想：「這艘船對我來說太有用了，若不是它，我一定無法渡過這條河，我要把它一起帶走。」

於是，他就把沉重的船背在身上進城。

路人自然非常好奇地問他：「你為什麼把船扛著走呢？」

「因為它對我非常有用，要不是它，我現在還在對岸！」他回答說。

「但現在它對你而言，不是成了負擔了嗎？」

牛頓雖然在科學探索領域裡成果豐碩，但在他從事科學探索的漫長歲月裡，經濟上卻一直不寬裕。

一六九二年，五十歲的牛頓被富裕的物質生活所吸引，決定憑淵博的知識來改善自己的生活，尋找一個能帶來更多經濟收入的職位。

一六九六年，好心的哈利發爵士推薦牛頓去擔任英國皇家造幣廠的廠長，這個職位年薪可觀，牛頓欣然同意移居倫敦，當上了皇家造幣廠的督辦。

牛頓在這熔舊鑄新的工作裡一做就是三年。

牛頓的熱情工作得到了專家的讚許，因而被授予「造幣局局長」職銜。這個職位給牛頓帶來了豐厚的薪俸。他每年可以得到多達兩千英鎊的可觀收入。

牛頓把整個身心都投入到貨幣鑄造之中，因而整日為此四處奔忙，使得他無法繼續擔任劍橋大學的科研工作，不得不予一七〇一年辭去了劍橋大學的教授職務，退出了三一學院。

從此牛頓全身心地投入了造幣工作上。他開始對貨幣流通情況進行瞭解。

對這個領域的方方面面做了很深的研究。牛頓的博學多才為英國的造幣事業注入了很強的活力。

牛頓在這個新的工作環境裡，用自己滿腔的熱忱，從事著這項很有意義的工作。出於對新工作的熱愛，運用自己的聰明才智，把工廠經營得有聲有色，工廠的效益見長，工人的待遇有了很大提高，生活得到了充分改善。牛頓個人的生活也得到了改善。後來，他過著衣食無憂的生活，生活環境一天天轉變。

牛頓退出科學研究以後，他的後半生發生了巨大變化。他不但是舉世聞名的大科學家，還成為英國歷史上偉大的鑄幣大臣，生活也從清貧變得富裕。

在職場上，只有一項才能往往無法讓你高枕無憂，所以要全面的充實自己，才能在工作中隨心所欲。

英國首相邱吉爾以他的權力左右世界長達三分之一個的世紀，從擔任海軍大臣開始，他始終位居權力的首位，掌握著國家的命運，當然他也竭盡心力發揮其才能。

雖然他的一生看似平步青雲，不過，他求學時代的學業成績非常差，因為他輕視拉丁語、希臘語、法語和數學，認為學習這些外國語，倒不如把英語學好。他不認真學習外語和數學，成績自然很差，在預備學校的成績經常是班上最後一名。但令人不可思議的是，這位不喜歡數學的青年，後來竟然當了四年的財政大臣，負責大英帝國的財政。

邱吉爾曾三次參加桑德赫斯特陸軍的入學考試，結果三次都落榜，直到第四次才順利考取。畢業後的他，竟然發覺自己似乎什麼都不懂，為了彌補自己的不足，他下定決心要以自學的方式研讀更高深的學問。

當時是印度駐軍軍官的他，在酷熱的下午，當其他軍官都在睡午覺時，他用心閱讀各種書籍。幾年之後，他從書中獲取的知識，都一一出現在他那行雲流水的著作或演說中，因此，他成為左右世界命運的大政治家，及最具魄力的演說家之一。

邱吉爾之所以能成功，就是因為他明白自己的缺點，充份的吸收了各類知識，豐富完善自己。

人個有所長，在職場上也是如此，充分發揮自己的優勢是成功的基礎，但是，在日新月異的今天，只會一門技術或是只有一項優勢已經不再是優勢，想要立足職場，就要學會各種必備的技能。

03

你需要在思想上佔領未來

職場大補帖

人無遠慮，必有近憂。如果你渾渾噩噩，你將無法贏得一切。機遇屬於有遠見的人。要想贏在未來，就必須首先在思想上佔領未來，為未來做好一切準備。

有一天，一頭野豬臥在大樹旁勤奮地磨牙，狐狸看到了，就對牠說：「天氣這麼好，大家在休息娛樂，你也加入我們隊伍中吧！」

野豬沒有說話，繼續磨牙，把它的牙齒磨得又尖又利。

狐狸奇怪地問道：「森林這麼安靜，獵人和獵狗已經回家了，老虎也不在近處徘徊，又沒有任何危險，你何必那麼用勁磨牙呢？」

野豬停下來回答說：「你想想看，如果有一天我被獵人或老虎追逐，到那時，我想磨牙就來不及了。而平時我就把牙磨好，在那時就可以保護自己了。」

這個寓言故事告訴我們，安逸的生活容易讓人放鬆，失去奮鬥。在工作中，如果認為自己的能力已經足夠勝任，自滿自大則會在競爭中失去機會，相反，只有像野豬一樣，懂得時時磨牙，不斷進步才能穩操勝券。

有遠見的人，才能抓住機遇獲得成功。

一九八二年二月，墨西哥愛爾•基瓊火山發生了一次百年不遇的大噴發，萬丈煙塵直衝天際，十分壯觀，人們都為這次火山噴發的壯觀景象驚歎不已。

一位美國地質專家在看到這次火山噴發的時候，立即開始研究火山噴發所帶來的環境變化，並把自己的研究成果報告給美國政府。但是誰也沒有料到，精明的美國政府瞭解到火山爆發後就開始調整國內政策，並著手借火山噴發來撈取滾滾的財富了。

原來愛爾・基瓊火山爆發後，美國政府聯想到懸浮在空中的火山灰塵，將一部分將太陽能反射回去，進而形成大面積低溫多雨的天氣，造成世界範圍的糧食減產。於是，美國政府預見到世界各地的糧食生產將會不景氣，便主動調整了國內糧食政策。

事實正如美國政府所料。第二年，世界各國糧食產量果然大幅度下降，而美國政府由於及時採取了相關措施，成了惟一的糧食出口國，不僅自己免遭傷害，還能藉機發財。

成功的機會只屬於那些能善於發展，目光長遠的人。

王先生是一家商務服務公司的服務人員，平時工作並不是很忙，而且由於公司業績很好，所以待遇也很不錯。但王先生並沒有在這樣的環境中喪失奮鬥的精神，而是一直堅持學習外語和商務知識。

他的朋友覺得奇怪：「你又不打算調動工作，為什麼還要拼命學習啊？你們的工作不會要求這些啊？」王先生每次面對這種詢問，總是報以微微一笑。

三年後，王先生已經熟練地掌握了三門外語，並且拿到了商貿專業證書。

而此時，他所在的公司開始精簡機構，無數同事被裁員。王先生憑藉自己的成績不但躲過了裁員的命運，還被提升為一個業務部門的負責人。

能力，只有在平時累積了，用時才能夠從容不迫。我們身邊有很多人，常常被大眾的言論所迷惑，無法堅持己見，犯下錯誤後才懊惱不已。

秦國攻趙時，魏安厘王向朝中大夫徵詢援趙意見，群臣都認為秦國攻趙對魏國有好處。

孔斌問：「為什麼？」

大夫們答：「秦勝趙，我們向秦臣服，如果秦不能勝，我們就乘秦疲憊之機向其進攻。鄰國之禍，正是我國之福。」

孔斌說：「不見得吧！秦是貪暴之國，勝趙之後，必會圖謀別的國家，恐怕下一次就輪到我們魏國了。不出二十年，天下必將盡為秦國所吞。」

事實果如孔斌所料，秦始皇採取各個擊破的戰術，先後吞滅了楚、燕、韓、趙、魏等五國，最後於西元前二二三年吞滅了齊國這一強大堡壘，統一了六國。

而缺乏遠見只看眼前利益的行為，註定會嘗到失敗的苦果。

在二十世紀初，誰和汽車王國福特公司成為生意夥伴，如果誰能夠成為福特公司穩定的供應商，誰就註定要財源滾滾。因為福特汽車零件的需求量非常大，泛世通就是這樣的供應商，該公司與福特的合作始於一九〇八年，福特T型車大部分裝上了泛世通生產的輪胎。

從一九〇八年開始的幾十年裡讓泛世通一直靠著的，是一棵汽車行業當之無愧的大樹。直到一九八八年，日本普利司通輪胎公司購買了泛世通公司之後，福特仍然是泛世通輪胎最大的採購商。

進入二十世紀九〇年代，裝有泛世通輪胎的福特汽車占福特汽車總產量的四十%。泛世通認為有福特這樣的大客戶，不用擔心產品銷售不出去，因此開始不思進取，忽視品質了。

一九七七年，美國政府強迫泛世通召回一千四百萬個輪胎，因為泛世通五百型輪胎爆炸，造成數十人死傷。這件事，直接導致泛世通公司把世界輪胎業的龍頭寶座讓給固特異輪胎公司。但屈居第二的泛世通依然沒有發現危機，所以導致事態進一步惡化。

一九九九年，福特公司收到許多泰國及阿拉伯國家的投訴，要求召回其汽車，原因又出在泛世通輪胎上面。然而，泛世通公司卻堅持稱自己的輪胎沒有問題。當美國國家公路交通委員會等介入泛世通輪胎調查，福特公司以坦誠的態度面對社會公眾時，泛世通公司仍然沒有醒悟過來，反倒去指責福特公司汽車設計不合理。泛世通公司的公眾形象一落千丈。

二〇〇一年五月二十一日，泛世通公司與福特公司在南北美洲的合作終於走到盡頭，泛世通公司靠了將近一百年的大樹終於不再給它遮擋風雨，其後果是可想而知的。所謂人無遠慮必有近憂，大公司尚且如此，個人在發展過程中，遠見的重要性自是不言而喻。

04 跳槽不爲錯，頻繁跳槽就可能錯

職場大補帖

跳槽是一種正常現象。跳槽是職業發展的需要，每個人總是需要經由職場變動找到最適合自己的職位和機會。但是如果跳槽過於頻繁，就容易引起老闆和同事的不信任。

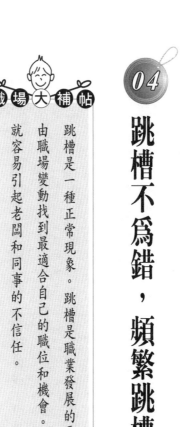

這是一個名叫慎遠的人的傾訴：

「我現在很不爽，很想辭職不幹了，但又擔心下一份工作也不好。如果好不容易換了份工作，等待我的還是不開心，還是沒完沒了的加班，還是老闆的不信任和同事的不理解，那我真的不敢輕舉妄動了。但是要我遷就現在的這份工作，我又實在非常痛苦。

該從哪裡說起呢？我們總公司在台北，我當時應聘的時候就是衝著總公司來的。可是在總公司培訓之後，老闆竟然把我調到高雄的分公司。那邊的規模不大，並且市場不是十分成熟。我所負責的工作也不太順利，因為業績平平所以老闆給我的壓力也越來越大。

我幾次向老闆申請要回到台北來繼續發展，但是老闆好像根本不信任我，每次都說我的工作態度有問題，然後就把我調去其他的分公司，就這樣我一直「遊蕩」在外。這家公司越來越不像我最初進來的那樣了，我很失望，甚至是絕望。我不明白老闆為什麼那樣對待我。

可能與我的跳槽經歷有關。當時面試的時候，老闆看到我換了幾家公司，就問我為什麼就業時間不長，卻頻繁跳槽。我當時就感覺他不太歡迎常跳槽的人，似乎有些不信任。不過後來他還是錄用了我，我想既然接受了我，就應該接受我的過去。誰知當我正式到單位之後，才發現他還是對我心存芥蒂。」

我不過是想找個好的公司，適合自己發展，收入比較合理，職業前景可觀。我並不覺得這有什麼不好。可是為什麼跳了幾次槽，大家就好像覺得我是個怪人，是個不好管理、難以相處的人呢？實在是弄不明白。」

像慎遠這樣頻繁跳槽的人，在現在的年輕人當中不在少數。對他們來說，工作做得不開心了、薪水不滿意了、加班太多了、個人能力得不到發揮了、個人成長空間不大了……任何一個地方不滿意都可以成為他們跳槽的理由。

對他們來說，不管工作中遇到任何問題，首先想到的不是去面對、去想辦法解決，而是跳槽，以為跳槽就能夠解決一切問題。殊不知，老闆對他們的信任、同事對他們的瞭解、公司給他們的機會全在他們不安的跳躍中不見了。結果，當他們好不容易找到一份工作，想好好投入大幹一場的時候，猛然間發現自己的處境相當困難。

在慎遠的故事中，應該說，老闆和同事對待慎遠的態度都在情理之中。因為就企業來說，人才的頻繁流動，極可能造成企業文化的斷層，以及企業發展戰略的斷層，這非常不利於企業的長遠發展。

此外，一些企業實行專案經理制，一個員工可能在一個專案中承擔著不可或缺的角色，如果做到一半就走人，很有可能會使整個專案半途而廢，給企業造成較大的損失。從這個意義上說，企業更歡迎願意長期為公司效力的人，而不喜歡那些屁股還沒有坐熱就跳槽的「跳蚤」。

此外，在同事關係上，如果你花了大量的精力換工作，而不太注意打好與同事之間的關係，彼此不熟識、相互不瞭解，自然合作起來有困難。加上如果你給其他同事留下了淺嘗輒止的印象，別人不知道你什麼時候又要拍拍屁股走人了，當然不願跟你深交。

雖然領導人和同事採取這種態度對待慎遠是可以理解的，也不是故意的，但是這種方式又的確給慎遠帶來了不小的精神壓力和心理傷害，可以說造成了冷暴力的結果。這也是慎遠在現在的公司感覺壓抑和困頓的主要原因。

既然跳槽讓慎遠遭遇了領導人和同事的冷遇，進而阻礙了他的工作發展，那麼是不是說從一而終，永遠都不要換工作才是最好的呢？那倒也不是。跳槽要把握時機、認準形式，必須跳的時候才跳，不要動不動就一跳了之。

太過頻繁的跳槽容易使人本身缺乏對事業的成就感，進而做事馬虎、不負責任，不利於其敬業精神的培養。而且，這也會影響個人形象，讓人覺得你太過浮躁，太急功近利，缺乏團隊精神和克服困難的決心和勇氣，所以有許多管理者就不願意把機會提供給那些經常跳槽的人。

05

許多時候，責任會勝於能力

職場大補帖

老闆有可能會不喜歡有能力的人，但絕對不會不喜歡負責的人。這就是為什麼責任感強的人容易當領導者的原因。當你和別人能力相當的時候，責任感就是你的加油站。主動承擔責任，你就會脫穎而出。

鴻亮剛從一家公司辭職。但其實他並不想辭，因為現在要找到一份工作不容易，何況他那個單位薪水不錯，福利也好。而且他好不容易當上了部門經理，這一辭職，一切從零開始了。

但他卻非常無奈地說，不辭職也沒別的辦法，實在是待不下去了。他們老總拿他當空氣，什麼事情都不讓他做，他這個經理算是被完全架空了。這讓他很難受：如果老闆直接降他的職，讓他完全不負責部門的工作，那還好受一點，但老闆又不公開降職，他還在那個位置上，但什麼事情都與他無關。這讓他感到非常尷尬，擺明著要逼他自己走。

朋友問他原因。鴻亮的猜測，這一切與上次那件事情有關：

前一段時間，他們部門策劃了一個經銷商會議，在外地舉行。當時是鴻亮帶人過去商談的。根據往年的業績，一個經銷商會議一般可達成五百萬的銷售，今年公司加大了投入，並且在去年的基礎上，樂觀估計可達八百萬，最保守也可以完成六百萬。鴻亮他們這次去都希望能促成更多的交易額，所以去的時候群情激奮、鬥志昂揚。

可是結果事與願違，由於在經銷商會議上出現了很多不可預知的情況，比如他們的場地不好，請的講師講得又沒有什麼煽動性，同時現在的市場競爭越來越激烈，很多對手用各式各樣的促銷手段低價銷售……總之原因很多，結果公司的產品在市場上變得沒有競爭力，最終只完成了三百多萬的銷售，是保守估計的一半，但是他們已經盡力了。

可是老闆不管那麼多啊，看到鴻亮他們沒有完成指標，他非常不滿意，問鴻亮：「怎麼搞的？你是怎麼搞的？」

鴻亮向他解釋所遇到的困難和當時展會上的情況，他根本不聽，說：「就會找理由，怎麼不反省一下你自己的責任？」當時鴻亮就非常不服氣，告訴老闆他已經盡力了，他覺得他的責任和義務已經完成了。

結果老闆非常生氣，不過可能是顧忌到鴻亮的面子，所以沒再多說。

鴻亮以為這件事情就這麼過去了，誰知道從那次以後，老闆基本上沒再跟鴻亮說過一句話，弄得鴻亮很尷尬。現在在公司裡，各種大會小會都不通知鴻亮參加，鴻亮只好辭職。

責任是職場上一個永不過時的話題，每個人在他的職位上都要擔當相應的職責，而每一個領導人或者是老闆，都希望自己的員工或下屬是一個有責任感、勇於擔當的人。

故事中的鴻亮就是在工作量沒有完成的情況下，沒有及時向上司承認錯誤、主動承擔責任，甚至當上司問責於他的時候，還找了一系列理由來為自己開脫。結果搞得上司很生氣，兩人的隔閡從此產生。

作為上司，既然你不主動承擔責任，那麼如果他強制性地把責任加到你頭上，你肯定會不服，這樣做也影響他的形象。如果他是一個開明直爽的人，那麼他有可能直接向你指出你的不足之處，公開告訴你，他對你逃避責任的做法不滿意，希望你承擔責任。

但是如果他是一個喜怒不形於色的人，傳達意旨點到為止，希望你能心領神會，那麼如果當他向你表達了他的不滿，而你不僅沒有領會他的意圖，反而處處為自己開脫，這表明你沒有責任感，也表示你這個人不會看眼色，處世不靈活。既然你讓上司難做，那麼他讓你為難也是意料之中的事。

然而中國人一般不喜歡和任何一個人撕破臉，面對面的衝突總是讓雙方都很尷尬，特別是一個在公司裡很有權威的人，是不會輕易把自己置於那麼難堪的境地的。於是在他的職權範圍內，採用一些相對較為隱蔽的手段對你進行某種形式的壓制和打擊，就成為一個比較好的選擇，既能夠對你進行教育或者報復，又能讓自己全身而退，對自己的公眾形象沒有一點損害。權衡種種利害關係，上司最後採用了冷暴力這種殺傷力強而副作用小的方式，這實在沒有什麼值得驚奇的。

只是這樣一來就苦了鴻亮，沒有溝通的管道，找不到解決問題的方式，被晾在辦公室裡任眾人在背後恥笑，最後不得已只好憤然辭職。再沒有什麼打擊方式比這種方式更讓人難受的了，想想都覺得可怕。

那麼，在職場中行走，在面對責任這個問題的時候，用怎樣的方式對待，才能避免被冷暴力的流彈擊中呢？

人都有趨利避害的本能，在職場上更是這樣，當承擔責任意味著自己必須為麻煩和損失買單的時候，很多人都會選擇逃避。但是在工作中，有時候逃避並不能給你帶來利益，相反是更大的損害。

香港一家公司在深圳設立了一個辦事處，只有一位主管和一位職員。本來按照規定，辦事處一成立就應該申報稅項，由於當時很多這種性質的辦事處都沒有申報，再加上沒有營業收入，所以這家辦事處也沒申報。

兩年後，在稅務檢查中，稅務局發現這家辦事處沒有納過稅，於是做出了罰款決定，數額為好幾十萬。這家辦事處的香港老闆知道這件事後，就問這位主管：「你當時怎麼想的，怎會導致發生這樣的事情？」

這位主管說：「當時我想到了稅務申報，但職員說很多公司都不申報，我們也不用申報了。另外，考慮到可以替公司省些錢，我也就沒再多想，並且這些事情都是由職員一手操辦的。」

老闆又找到這位職員，問了同樣的問題。這位職員說：「從為公司省錢的角度，再加上我們沒有營業收入和其他公司也沒申報，我把這種情況跟主管說了，最終申不申報還是應由主管做決定，但他沒跟我說，所以我也就沒報了。」

結果這位主管馬上就被香港的老闆「炒魷魚」了。

如果他勇敢地承擔責任，本來可以得到老闆的諒解，也能保住工作。但是他沒有，他把本應是他自己承擔的責任推卸給了一名普通員工，這樣的下屬每個老闆都不會欣賞。

很多時候負責是一種正視自己的理性，也是敢於擔當的勇氣，並不會使你丟面子、減少威信。相反的，斤斤計較不但不會讓你顯得更精明，反而容易暴露出你的狹隘世俗之氣。

對待工作，如果你是主要責任人，出了問題你當然責無旁貸。如果這個時候你推卸責任，在領導人看來這是一種沒有責任意識的表現，這樣的人如何能擔當重任？有句老話：「吃虧是福」，只有勇於承擔責任的人，才能得到更多的機會。而那些不願意多承擔責任的員工只有兩種出路，一是一輩子在原地踏步，二是遭到上司的冷遇。

06 誠實可以讓你成爲職場明星

職場大補帖

任何老闆都喜歡誠實的人，這是因為誠實的人猶如磐石可以依靠和信賴。與之相反，虛偽狡詐、謊話連篇的人就像是定時炸彈，讓人避之唯恐不及。只有誠實的人，才能走進老闆的內心。

一位賢明的國王，決定從王國眾多孩子中挑選一個，培養成未來國家的棟梁之才。國王的方法很獨特，他發給每個孩子一些花種子，並宣佈誰能培育出最美麗的花朵，誰就能夠成為未來國家重用的人才。

孩子們得到種子後，開始精心培育。他們從早到晚澆水、施肥、鬆土，誰都希望自己能夠成為那名幸運兒。有一個貧窮的小男孩兒也分到了一些花種子，雖然盡心盡力地培育，但是花盆裡的種子始終沒有發芽。他感到很沮喪，但是仍然決定前去參加比賽。

比賽的日子到了。孩子們穿著漂亮的衣服走上街頭，他們捧著盛開的鮮花，盼望國王的垂青。國王搭著馬車緩緩地巡視在花海裡。但是，面對朵朵爭奇鬥艷的鮮花，他始終一言不發，也沒有給出任何評語。直到看見那個捧著空花盆的小男孩，他臉上才露出微笑，並宣佈：這個小男孩贏得了這場比賽。原來，國王發下去的所有花種全部是煮過的，根本不可能發芽開花。

誠實讓這個貧窮的小男孩贏得了國王的賞識，並因此改變了他一生的命運。在當下很多人都認為誠實很老土，已經過時了，但其實不然，越是在這樣的時刻「誠實」越發顯得可貴。

愛因斯坦經常拒絕作家的採訪或畫家為他畫像的要求，但有一次他改變了態度。

一天，一位畫家請求為他畫像。

愛因斯坦照例回絕道：「不，不，我沒有時間。」

「但是，我非常需要靠這幅畫所得的錢啊。」畫家懇切地說。

「噢，那就是另外一回事了。」愛因斯坦馬上改變了態度，「我當然可以坐下來讓您畫像。」假如這位畫家沒有那麼坦誠地去告訴愛因斯坦要為他畫像的原因，可以想像，愛因斯坦會同樣拒絕他。

有時你的誠實會讓你的話更具有打動人心的力量，而當誠實用在工作上時，獲得的是更多的機會以及別人的信任。

長青是一家大型公司的資深人事主管，在談到員工錄用與晉升方面的尺度時，他說：「我不知道別的公司在錄用及晉升方面的標準是什麼，我只能說，我們公司很注重應徵者對金錢的態度。一旦你在金錢上有了不良的記錄，我們公司就不會雇用你。很多公司也跟我們一樣，很注重一個人的品行，並且以此作為晉升任用的標準。如果品行有污點，即使應聘者工作經驗豐富、條件優越，我們也不會聘用的。

這樣做的理由有四點：第一，我們認為一個人除了對家庭要有責任感外，對雇主守信是最重要的。你在金錢上毀約背信，就表示你在人格上有所缺陷。但是，今天很多年輕人卻不以為然。他們認為『銀行的錢那麼多，即使我不償還債務也無所謂，或者每家商店都有上百萬的資金，我不付款它也倒不了』。但是買東西必須付錢，欠債必須還錢這是天經地義的事。在金錢上不守信用，與偷竊無異。

第二，如果一個人在金錢上不守諾言，他對任何事都不會守信用。第三，一個沒有誠意信守諾言的人，他在工作崗位上必定也會怠忽職守。第四，一個連本身的財務問題都無法解決的人，我們是不錄用的。因為頻繁的財務困難容易導致一個人去偷竊和挪用公款。在金錢方面有不良記錄的人，犯罪率是普通人的十倍。當我們支出金錢時，要誠實守信，這一點也同樣適用於我們為人處事。」

長青的用人標準說明了這樣一個問題：誠實是衡量人品行的一把尺。這把尺，無論古今中外，適用於所有的人。

誠實是一種美德，對別人誠實才能獲得別人的信任和尊敬，否則沒有人會把重要之事交付於你。

戴爾是一家大型航運公司的董事長。他十歲的那個夏天，正值經濟大蕭條的一九三五年，他跟著一輛密封式運貨小卡車，每天向一百多家商店送特製食品。在炎熱的天氣裡，工作幾個小時的報酬只是一塊臘肉三明治、一瓶飲料和五十美分的現金。但這是他的第一份工作，所以他認為辛苦一點也是正常的。

在不用送貨的日子裡，他便到一家偏僻的糖果店打工。一次掃地時，他看見桌子下有十五美分，便撿起來交給店主。店主拍拍他的肩膀說，他是故意將錢扔在那裡的，要試試他是否誠實。戴爾在整個高中階段都為這位老闆打工。他絕不會忘記，是誠實讓他保住了當時非常難找的那份工作，也正是誠實成為了他後來創辦事業且興旺發達的關鍵。

誠實不僅有道德價值，而且還蘊含著巨大的經濟價值和社會價值。一個稟賦誠實的員工，能給他人信賴感，讓老闆樂於接納，在贏得老闆信任的同時，更為自己的職業生涯帶來莫大的益處。

與此相應，一個人失去了誠實，就失去了一切成功的機會。一個不誠實的人，將會失去朋友，失去客戶，失去工作，因為誰也不願意與一個不誠實的人共事、打交道。

不誠實的員工，老闆可能因一時之需仰仗你的才能，一旦失去利用價值，縱然你才華橫溢，也會逐你出門。因為不誠實的人始終是一個潛在的危險和威脅，老闆豈敢重用。

誠實就猶如一股清新的空氣，越是在充滿奸詐險惡的公司裡，這股清醒之風越顯其清新，有這種品德的員工越能為老闆所賞識，並受之信任和重用。作為一名員工，如果你已經具備了誠實的美德，不要因為別人說你太木訥不夠精明而放棄。要知道，工作中沒有比誠實更可貴的東西。

你的誠實可以讓你成為職場明星，誠實是你的優勢和財富，它會助你走向成功。

07

有自信才能出類拔萃

職場大補帖

有信心未必能贏，沒信心一定會輸。自信是老闆這個群體的共有特徵，因此老闆只會喜歡自信的人，鄙視自卑的人。市場是未知的，只有自信的人才配得上與老闆為伍。如果你沒有信心，別說獲得機遇，甚至你連在公司存在下去的機會都可能沒有。

「難道我真的一無是處，是個沒用的人？」剛剛失去第六份工作的建新，想起三年來在工作中的點點滴滴，對自己徹底失去了信心。

他說，前幾天剛被老闆辭退，這已經是他畢業三年來的第六份工作了。他自己覺得，沒自信才是這次丟掉工作的主要原因。原來，一週前建新到一家牙科診所應聘，老闆問他是什麼學歷，因為害怕老闆會嫌棄自己的學歷低，建新便謊稱是本科學歷，而實際上他是大專學歷。本以為老闆只是問問學歷，沒想到上班之後，老闆要他拿出學歷證書。再也瞞不過去的建新只得向老闆吐露了實情，結果第二天老闆就以「為人不誠實」將他辭退了。

「一家私人診所可能也不會太在乎學歷，我畢業三年了，有實踐經驗，這對老闆來說可能比學歷更為重要。」建新很後悔當初沒自信，所以沒有對老闆說實話。

建新的經歷給我們帶來了深刻地思考：職場上，自信心對於一個人太重要了。要想老闆看重你，首先就要自己看重自己。客觀上來說，一個人是不是有自信心，來源於對自己能力的認識。充滿自信就意味著對自己「信任」、欣賞和尊重，意味著工作起來胸有成竹、很有把握。

未來學家佛里德曼在《世界是平的》一書中預言：「二十一世紀的核心競

爭力是態度。」這就是在告訴我們，積極的心態是個人決勝於未來最為根本的心理資本，是縱橫職場最核心的競爭力。

其中，所謂的積極心態，自信心當然是非常重要的一大部分。一個失去自信的人，就是在否定自我的價值，這時思維很容易走向極端，並把一個在別人看來不值提的問題放大，甚至堅定地相信，這就是阻礙自己進步的唯一障礙，自然就很難有出類拔萃的成就了。

事實上，工作中若能時刻保持一種積極向上的自信心態，即使遇到自己一時間無法解決的困難，也會保持一種主動學習的精神，而這種內在的、自發的主動進取，往往會讓我們把事情做得更好。

美國成功學院對一千名世界知名成功人士的研究結果顯示，積極的心態決定了成功的八十五%！對比一下身邊的人和事，我們不難發現，很多自信的人工作起來都非常積極、有把握，並且取得了出色的工作業績；而那些總認為「我不行」、「做不到」、「我就這種水準了」的人，儘管有過多年的工作經歷，但工作上始終沒有什麼起色或進步。

所以，職業生涯的第一步，就是要選擇好自己的職業態度。自信心是源自內心深處、讓你不斷超越自己的強大力量，它會讓你產生毫無畏懼、戰無不勝的感覺，這將使你工作起來更加積極，胸有成竹。

在我們身邊，工作中常會遇到這樣的情況：挫折襲來，有的人始終無法產生足夠的自信心，進而一蹶不振；有的人卻能在焦慮和絕望後，迅速產生強大的自信心，重新「拼勁」十足地實現目標。

其實，產生這種差異並不是完全由先天因素決定的，而往往是因為前者平時不注重自信心的產生，到了需要時得不到想要的自信心；後者卻經過長期的自我訓練，使自己的自信心產生得越來越快，越來越強。

美國思想家愛默生說：「自信是煤，成功就是熊熊燃燒的烈火。」對於任何成功人來說，自信心都是必不可少的。據說，今日資本集團總裁徐新當初之所以選擇投資網易，正是因為創始人丁磊的自信。

丁磊畢業於電子科技大學，畢業後被分配進寧波市電信局。這是一份穩定的工作，但丁磊無法接受那裡的工作模式和評價標準，自信的他很輕鬆的就從電信局辭職：「這是我第一次開除自己。但有沒有勇氣邁出這一步，將是人生成敗的一個分水嶺。」

因為自信，丁磊在兩年內三次跳槽，最終在一九九七年決定自立門戶。後來，丁磊和徐新在廣州一家狹小的辦公室裡見面。

徐新主動問他一些問題：「網易在行業內的情況怎麼樣？」

「我們會是第一。」丁磊第一句話就毫不猶豫地這麼回答。

客觀上來說，一九九九年初，網易剛向門戶網站邁進，與新浪、搜狐相比，還只是一個剛剛嶄露頭角的小網站。

徐新當然知道當時的網易不是門戶網的第一，但他覺得：「他很有上進心，而不是吹牛——是有實質的自信。我覺得企業家有這種精神是很重要的，你有這麼一個理想跟雄心要去做行業領頭羊。我投的就是他的這份自信。」

透過丁磊的經歷，我們可以肯定地說：開放的自信是創立事業、成就價值的重要素質。

既然自信心如此重要，那麼，我們要怎樣做才能樹立自信心呢？首先，在平時的工作中就要不斷地學習，不斷地提升自己。阿基米德說過「只要給我一個支點和足夠長的槓桿，我就可以把地球撬動」，有如此大的自信，那是因為他深入掌握科學的原理；關羽之所以敢獨自一人去東吳單刀赴會，是因為他深知自己的本領……所謂「有了金剛鑽，才敢攬瓷器活」。

其次，要有一定的內心和毅力。有些事情不是一朝一夕就能做好的，需要我們持之以恆的努力。要用長遠的目光看待目前遇到的困境，相信我們有能力去解決它，相信自己，最後的成功始終是我們的。

最後，不要總想著自己的缺點，要時刻告訴自己「我是最棒的」、「我是優秀的」。每個人都有各自的缺點，完美無缺的人是不存在的，對自身的缺點不要念念不忘。要知道，別人往往並沒有那麼在意你的缺點。只要少想，自我感覺就會更好。

08 只要勇氣在，人生就沒有失敗

職場大補帖

老闆最喜歡有勇氣的人。市場機會屬於有勇氣的企業，所以老闆只有任用有勇氣的人，才能為企業抓住難得的機遇。別猶豫，比你的老闆更有勇氣，你就能討得老闆的歡心。

「人生，不論到了哪一步境地，只要你還有勇氣向成功挑戰，你就還沒有失敗」。

一八六五年，美國南北戰爭結束了。一名記者去採訪林肯，他們有這麼一段對話。

記者：「據我所知，上兩屆總統都曾想過廢除農奴制，《解放黑奴宣言》也早在他們那個時期就已草就，可是他們都沒拿起筆簽署它。請問總統先生，他們是不是想把這項偉業留下來，讓您去成就英名？」

林肯：「可能有這個意思吧。不過，如果他們知道拿起筆需要的僅是一點勇氣，我想他們一定非常懊喪。」

記者還沒來得及問下去，林肯的馬車就出發了，因此，記者一直都沒弄明白林肯的這句話到底是什麼意思。

直到一九一四年，林肯去世五十年了，記者才在林肯致朋友的一封信中找到答案。在信裡，林肯談到幼年的一段經歷：

「我父親在西雅圖有一處農場，農場裡有許多石頭。正因如此，父親才得以用較低價格買下它。有一天，母親建議把上面的石頭搬走。父親說，如果可以搬走的話，主人就不會賣給我們了，它們是一座座小山頭，都與大山連著。」

「有一年，父親去城裡買馬，母親帶我們到農場勞動。母親說，讓我們把這些礙事的東西搬走，好嗎？於是我們開始挖那一塊塊石頭。不久時間，就把它們弄走了，因為它們並不是父親想像的山頭，而是一塊塊孤零零的石頭，只要往下挖一英尺，就可以把它們晃動。」

林肯在信的末尾說，有些事情人們之所以不去做，只是他們認為不可能。而許多不可能，只存在於人們的想像之中。

二十世紀初，有個愛爾蘭家庭想移民美洲。他們非常窮困，於是辛苦工作省吃儉用三年多，終於存夠錢買了去美洲的船票。當他們被帶到甲板下睡覺的地方時，全家人以為整個旅程中他們都得待在甲板下，而他們也確實這麼做了，僅吃著自己帶上船的少量麵包和餅乾充饑。

一天又一天，他們以充滿嫉妒的眼光看著頭等艙的旅客在甲板上吃著奢華的大餐。最後，當船快要停靠愛麗絲島的時候，這家其中一個小孩生病了。做父親的找到服務人員說：「先生，求求你，能不能賞我一些剩菜剩飯好給我的小孩吃？」

服務人員回答：「為什麼這麼問？這些餐點你們也可以吃啊。」

「是嗎？」這人說，「你的意思是說，整個航程裡我們都可以吃得很好？」

「當然！」服務人員以驚訝的口吻說，「在整個航程裡，這些餐點也供應給你和你的家人，你的船票只是決定你睡覺的地方，並沒有決定你的用餐地點。」

每個人都有一大堆的願望，一堆的想當然，正是這些自造的想法，影響他們做出選擇，這就是缺少勇氣。他們因為恐懼，而害怕選擇自己認為不可能的願望，因此也錯過了成功的機會。

如果你有一個不可戰勝的靈魂，那麼無論在你身上發生什麼事，無論面前有多麼大的困難，都無法影響到你。當你意識到自己從偉大的造物主那裡獲得源源不斷的能量時，能真正影響到你的事情根本沒幾件。因為，無論什麼事情降臨在你身上，你都可以保持內心的平靜。

那些成功的人們，如果當初都在一個個「不可能」的面前，因恐懼失敗而退卻，而放棄嘗試的機會，就不可能有所謂成功的降臨，他們也將平凡。

沒有勇敢的嘗試，就無從得知事物的深刻內涵，而勇敢做出決斷了，即使失敗，也由於對實際的痛苦親身經歷，而獲得寶貴的體驗，進而在命運的掙扎中，愈發堅強，愈發有力，愈接近成功。

不甘平凡，勇敢地挑戰自我、挑戰潛能，下定決心，鐵了心去做。你可能面對不同的局面，但必須要時刻記住：要為夢想去奮鬥，你有信心獲得成功，你就能成功，因為你體內有一股巨大的潛能。

你勇敢，困難便退卻；你懦弱，困難就變本加厲地欺負你。你勇敢，就可能成功；你懦弱，則肯定會失敗。

09

愛找藉口是懦弱的表現

職場大補帖

老闆一旦發現你愛找藉口，輕者對你冷暴力，從此不再重用你，重則將你解雇。老闆凡事只看重結果，如果你不能給他結果，那就說明你不是他需要的人。他也就沒必要為你支付薪水，這時擺在你面前的，也就只有走人一條路。

沒有任何人會欣賞一個整天不做事，卻還在為自己找藉口的員工。魯迅先生說：「浪費時間等於慢性自殺，浪費別人的時間等於圖財害命。」誰在為拖延時間找藉口，誰就是在為浪費生命找藉口，浪費生命是最大的失敗。

通常藉口有兩種，一種是以自己正在做某種事情為理由，其實這個也不是正式的理由，應該說藉口才比較準確；另外的是一種假託的藉口，以為是無傷大雅的理由。但是長久下去的話，當藉口已經化為你的「護身符」的時候，你距離你的失敗人生就很近了。

習慣性的拖延者通常是製造藉口與託辭的專家。他們經常為沒做某些事而製造藉口，或想出各式各樣的理由為事情未能按計劃實施而辯解。

「這項工作的難度太大了！」

「那個客戶還沒回信給我！」

「我的事情太多了，忘了還有這樣一件事！」

「老闆規定的完成期限太緊迫！」

「我們的工作條件太差了！」等等，聽起來好像是「合情合理的解釋」。但不論多麼的冠冕堂皇，藉口就是藉口。

在我們平時的工作中肯定也會聽到類似這樣的說法：上班遲到了，會說「路上塞車」、「不小心睡過頭了」；考試考不好，總愛說自己沒有時間複習，或者別人是得到老師的指點之類的話來自我欺騙；生意失敗，就愛以對手太強，對手沒有採取正當的競爭手段為藉口。不在自己的身上去找原因，而是想方設法尋找為自己開脫的藉口。這樣的人是懦弱的，不敢為自己的失敗承擔責任，這不是一個成功者的做法和想法。

喜歡橄欖球的朋友都知道，鋒士・隆巴第是美國橄欖球運動史上一位偉大的橄欖球隊教練。在鋒士・隆巴第的帶領下，美國綠灣橄欖球隊成了美國橄欖球史上最令人驚異的球隊，創造出了令人難以置信的成績。看看鋒士・隆巴第的言論，能從另一個方面讓我們對執行力有更深刻的理解。

鋒士・隆巴第告訴他的隊員：「我只要求一件事，就是勝利。如果不把目標定在非勝不可，那比賽就沒有意義了。不管是打球、工作、思想，一切的一切，都應該『非勝不可』。你要跟我工作，」他堅定地說，「你只可以想三件事：你自己、你的家庭和球隊，按照這個先後次序。」

「比賽就是不顧一切。你要不顧一切拼命地向前衝。你不必理會任何事、任何人，接近得分線的時候，你更要不顧一切，沒有東西可以阻擋你，就是戰車或一堵牆，或者是對方的十一個人，都無法阻擋你，你要衝過得分線！」

然而，有多少人因為把寶貴的時間和精力放在了如何尋找一個合適的藉口上，而忘記了自己的職責！喜歡為自己的拖延找藉口的員工，肯定不是努力工作的員工，至少，是沒有良好工作態度的員工。他們找出種種藉口來蒙混公司，欺騙管理者，他們是不負責任的人。這樣的人，在公司中不可能是稱職的好員工，也絕不可能是老闆可以信任的員工；在社會上也不會被大家信賴和尊重。無數人就是因為養成了輕視工作、馬虎拖延、慣於找藉口的習慣，終致一生處於社會或公司的底層，無法出人頭地。

在美國西點軍校，有一個廣為傳誦的悠久傳統，學員遇到軍官問話時，只能有四種回答：

「報告長官，是！」

「報告長宮，不是！」

「報告長官，不知道！」

「報告長官，沒有任何藉口！」

除此之外，不能多說一個字。沒有任何藉口！

在工作中，每個員工都應該發揮自己最大的潛能，努力地工作而不是努力地浪費時間尋找藉口。不論是失敗了，還是做錯了，再妙的藉口對於事情本身也沒有絲毫作用。讓自己做個「沒有任何藉口」的人，這樣你所做的很快就會有回報。在塑造自己形象的時期，我們要學會給自己加碼，始終以行動為見證，而不是編一些花言巧語為自己開脫。因為藉口是吹響失敗的序曲！

一個富人見一個窮人很可憐，發善心願意幫他致富。富人給了這窮人一頭牛，囑咐他好好墾荒，等春天來了播上種子，秋天就可以遠離貧窮了。

窮人滿懷希望開始拓荒，可是沒過幾天，牛要吃草，人要吃飯，日子比過去還難過，窮人心想：「不如把牛賣了，買幾隻羊，然後先殺一隻來吃，剩下的還可以生小羊，等羊長大了再拿去賣，就可以賺更多的錢。」

窮人的計劃付諸了行動，只是當他吃了一隻羊之後，小羊遲遲沒有生下來。日子又艱難了，他忍不住又吃了一隻。窮人想，這樣下去還得了，不如把羊賣了去買些雞，雞生蛋的速度會快一些，有雞蛋就立刻可以賺錢，那麼日子立刻可以轉好。

窮人的計劃又付諸了行動，但是日子並沒有改變。後來他又忍不住殺雞，終於殺到只剩一隻雞時，窮人的理想徹底崩潰了。窮人覺得致富是無望了，還不如把雞賣了，打一壺酒，三杯下肚，萬事不愁。

很快的春天來了，善心的富人興致勃勃地來送種子，卻赫然發現窮人正吃著鹹菜喝酒，牛早就沒有了，房子裡依然一貧如洗。

每個人都認為這個窮人很可憐，但是又「活該」，因為他不去辛勤勞動卻想著如何為自己的偷懶找各式各樣的藉口。其實我們在笑話「窮人」的時候，有沒有反思我們自己呢?我們在工作中，是否也養成了愛為自己找藉口的習慣?

10 別人對你的依賴就是你的價值籌碼

職場大補帖

你必須始終保持自己的獨立性，這樣別人將會永遠需要你，依賴你。別人對你的依賴性越大，你的自由空間也就會越大。讓別人依靠你去獲得他們想要的幸福和財富，你在他們的眼裡就永遠有價值。

美國石油大亨老洛克菲勒是這樣教育孩子的：

有一天，他把孩子抱上一張桌子，鼓勵他跳下來，孩子以為有爸爸的保護，就放心地往下跳。誰知往下跳的時候，爸爸卻走開了，小洛克菲勒摔得很重，坐在地上大哭了起來。這時，老洛克菲勒語重心長地對兒子說：「孩子，不要哭了，以後要記住，凡事要靠自己，不要指望別人，有時連爸爸也是靠不住的！從現在就開始學會獨立地生活吧！」

洛克菲勒家族中的孩子，從小就不准亂花錢，每一個孩子可支配的少量零用錢也要記帳。在學校讀書時，一律在學校住宿，大學畢業後，都要自己去找工作。直到他們在社會中鍛鍊到能經得起風浪以後，上一輩的人才會把家產逐步交給他們。

因為洛克菲勒家族教育子女非常認真，注重培養孩子的獨立生活能力，使孩子養成獨立、自強的習慣。所以洛克菲勒家族裡沒有出過「敗家子」，使其家族歷經幾個世紀而依然繁盛如初，沒有像美國其他的跨國財團、億萬富翁僅僅經歷幾十年或一、二百年就衰落了的歷史。

人常說「富不過三代」，可是洛克菲勒家族改寫了這項定理，那些守不住先輩打拼下來的家業和財富的都是懦弱無能的後代。人，要靠自己活著，而且必須靠自己活著，在人生的不同階段，盡力達到理應達到的自立水準，擁有與之相適應的獨立精神。這是當代人立足社會的根本基礎，也是形成自身「生存支援系統」的基石。

因為缺乏獨立自主個性和自立能力的人，連自己都管不了，還如何再談發展及成功呢？即使你的家庭環境所提供的「先賦地位」是處於天堂雲鄉，你也必得先降到凡塵大地，從頭做起，以平生之力練就自立自行的能力。

因為不管怎樣，你終將獨自步入社會參與競爭，你會遭遇到遠比家庭生活還要複雜得多的生存環境，隨時可能出現你無法預料的難題與處境。你不可能隨時動用你的「生存支援系統」，而是必須得靠頑強的自立精神克服困難，堅持前進！依賴別人，成年之後也會輕而易舉地轉移到生活的各個方面，其危害性就非同小可了。

依賴心理的表現是多種多樣的。諸如，想辦一件事不敢獨立去做，總是想跟他人一塊去做，遇事沒有主見，總是等待別人做出決定；不相信自己，不敢講出自己的見解，怕得不到人們的認可；對領導人唯命是從，他說做什麼就做什麼，只求生活平穩、少煩惱，等等。

就其本質來看，依賴心理是一種懶惰的心理表現，事事、處處依賴別人，自己從不動腦筋，費精力。不管別人的事，甚至連自己的事也不肯承擔責任。至於在婚姻家庭生活中，這種依賴明顯地表現為夫妻間依賴，和子女對父母的依賴。

例如，有的家庭男主人處於絕對的「統治」地位，說一不二，使得妻子唯唯諾諾，這樣做的結果是妻子完全處於依賴狀態，對什麼事也不再動腦筋。有的家庭對孩子管得過多，使孩子衣來伸手，飯來張口，什麼事都不用他擔心，想要什麼父母都會辦到。久而久之，孩子什麼事都不再操心，同時也淡化了奮發意識和進取精神。

從心理學角度看，依賴心理是一種習以為常的生活選擇。當你選擇依賴時，就會使你失落獨立的人格，變得脆弱、無主見，成為被別人主宰的可憐蟲。然而，依賴心理也並非是一種頑症，它是可以逐步克服的。樹立獨立的人格，培養獨立的生存能力，是克服依賴心理的首選目標。培養自主的行為習慣，一切自己動手，自然就與依賴無緣了。

對於已經養成依賴心理的人來說，那就要用堅強的意志來約束自己，無論做什麼事都要有意識地不依賴其他的人，同時自己要開動腦筋，把要做的事的得失利弊考慮清楚，心裡就有了處理事情的憑恃，也就敢於獨立處理事情了。

要樹立人生的使命感和責任感。一些沒有使命感和責任感的人，生活懶散，消極被動，常常跌入依賴的泥坑。而具有使命感和責任感的人，都有一種實現抱負的雄心壯志。

他們要求自己嚴格，做事認真，不敷衍了事、馬虎草率，具有主人翁的精神。這種精神是與依賴心理相悖逆的。選擇了這種精神，你就選擇了自我的主體意識，就會因依賴他人而感到羞恥。

也可以單獨地或與不熟悉的人辦一些事或做短期外出旅遊。這樣做的目的，是為了鍛鍊獨立處事能力。自己單獨地辦一件事，完全不依賴別人，無論辦成或辦不成，對你都是一種人格的鍛鍊。

與不熟悉的人外出旅遊，是由於不熟悉，出於自尊心和虛榮心，你就不會依賴他人，事事都得自己籌畫，這無形之中就抑制了你的依賴心理，促使你選擇自力更生，有利於你獨立的人生品格培養。

11

職場揚帆需要乘借東風

職場大補帖

一個人如果沒有朋友，沒有別人的幫助，他的境況會十分糟糕。普通人如此，成就大事業的人更是如此。

漫漫人生旅途，當你遭遇困境，一籌莫展時，往往就需要高人來指點一下了。也許對方只是簡單的一句話，就能讓你頓悟，時來運轉。

有句俗話叫「萬事俱備，只欠東風」。實際上，當我們不具備萬事的時候也需要東風，尤其是遇到困境的時候，更需要東風來破。有了能給我們東風的人相助，我們就可以儘快取得成功，甚至飛黃騰達、扶搖直上。

每個人的身上，都有著走向成功的條件，如何利用這些條件，外界的幫助影響很大。很多知名度較高的人之所以成名，也與會借東風密不可分。東風使他們得到機會，使他們快速成長。善於接受他人的東風相助，是名人們把握機遇的關鍵，也是他們最終成名的重要原因之一。這其中的道理是容易理解的。你接受了他人的幫助，就好比一粒種子種入適合自己生長的土壤，得到滋養。

傳說清朝乾隆年間，江南一帶有個名叫張全福的人。他為了生計，開了一家酒店。酒店規模很小，缺乏知名度，他的生意日益冷清。他為了改變自家酒店的面貌，苦思良策，卻一直未能奏效。

正當他一籌莫展之時，剛好乾隆皇帝為了體恤民情，來到江南一帶。乾隆邊走邊看，不經意間走到了張全福這家小酒店門口，便輕輕地叩擊店門。

門開了，張全福走了出來。當他看到乾隆時，不由得嚇呆了。他心想：此人相貌堂堂，一定是位貴人，今日來到我的小店，此乃我的榮幸。

於是趕忙走上前去，向乾隆行了個大禮。

乾隆坐下來，隨便點了幾個小菜，一邊喝酒一邊同張全福閒聊。兩人聊得很投機。說話間，張全福就把自己店內生意不好的情況向乾隆一一訴說。

乾隆看見店內冷冷清清、灰塵滿地的狼藉景象，又看到張全福老實敦厚的樣子，不覺動了惻隱之心，他心平氣和地對張全福說道：「看你是個老實人，我倒想幫你一把，卻不知如何相幫？」

張全福思考了一會兒，說道：「承蒙客官厚禮，請您幫我親筆題寫一副對聯，好吧？」

乾隆帝聽後，滿口應允，立即提筆寫下了這樣幾句詩：「江南水秀景宜人，民風富庶享太平。小小酒店風味濃，豐肴佳饌怡人心。若問賜墨何許人？紫禁城裡尋真龍。」

張全福讀了這幾句詩後，頓時醒悟，高興得手舞足蹈，大聲喊道：「啊！原來您就是當今的萬歲爺，草民今天可遇到大貴人了。」他趕忙雙膝跪地，謝主隆恩。

乾隆的詩給張全福這家小小的酒店帶來了很大聲譽。當此事傳開之後，人們紛紛慕名前來，顧客絡繹不絕，生意日益興隆。

現實生活中，我們要像故事中的張全福那樣，身陷困境或處於停滯不前的狀態時，抓住機遇，找別人扶自己一把。俗話說：孤掌難鳴，獨木不成橋。無論是遊刃職場，還是處世做人，我們必須尋求他人的幫助，尋找自己的「東風破」。這就像打牌，有了高人的指點，你便會有所頓悟，打出好牌。

這種「利用」不是醜惡的，而是各取所需。一個人，無論在工作、事業、愛情哪方面，都離不開人與人之間的相互利用。朋友就是如此，因為個人的能力和侷限，以及人際關係有所不同，必須相互利用，借朋友的東風。

在自然界中也是這樣，動物們相互利用，有利於防備捕獵、取暖和生殖。獸王更是利用了彼此之間的相互關係，以及在這種關係基礎上建立起來的秩序和習慣，以享受最大的優越：可以吃得最多最好，可以佔有最美的雌性和最年輕的雌性，等等。群居動物（相互利用了對方的長處和力量，哪怕是極微弱的力量）容易繁衍和生存，如螞蟻、蜜蜂、家雞等。

就社會和自然狀況來看，孤單者是鬥不贏拉幫結派者的。一個人如果沒有朋友，沒有別人的幫助，他的境況會十分糟糕。普通人如此，成就大事業的人更是如此。如果失去了他人的幫助，不能利用他人之力，任何事業都無從談起。

當然，「利用」是相互的，我們在借力的時候要考慮到施與受的平衡關係，不要忘記讓別人好好利用自己。當你遇到可能對自己有幫助的人時，應當在能幫他的時候幫他一把，這樣才能夠為自己積蓄力量，讓別人在關鍵時刻幫自己一把。

12 用強者的營養加速自身成長

職場大補帖

如果你還不具備成功所需的卓越能力，如果你艱苦卓絕的毅力和征服一切的膽識尚且不夠，那麼要想成為傑出人士的話，就應該好好地考慮一下，下一步該怎麼走？不妨尋找一棵生命中的「大樹」，做一個暫時的「寄生者」，才能利用他的營養快速成長。

生物學中，一種生物體依附在另一生物體中以求供給養料、提供保護或進行繁衍等而得以生存的方式，被稱為寄生。提起「寄生者」，很多人會感覺很不舒服，因為它讓我們聯想到寄生在我們身體之中、吸食我們的養分並使我們生病的那些小生物，就像蛔蟲、鉤蟲之類。

由於那些「寄生者」往往「不勞而獲」、「損人利己」，於是人們常常稱那些不肯付出努力而混吃混喝的人為「寄生蟲」。其實，這是有些偏激的，對於「寄生」，我們應辯證地看，不僅要看到它不好的一面，也要看到它好的一面。

在自然界中，借助外在力量獲取利益的例子比比皆是。在叢林中，很多藤蘿植物是靠依附在參天大樹上得以享受陽光的；海鷗喜歡尾隨軍艦，因為後者的排水可以使海裡的小生物浮上水面，成為牠們的食物；鯊魚的身邊總是遊弋著幾條靈巧的小魚，牠們靠撿拾鯊魚獵食的殘餘為生……

擴展到人類，做一個「寄生者」同樣是很不錯的選擇。眾所周知，大樹底下好乘涼。想要做事，先要立身；想要做大事，先要立穩身。有了「大樹」作為依傍，不僅根基穩固，辦起事來別人也會「不看僧面看佛面」了。

清朝康熙帝最寵愛大臣明珠。明珠幼年在宮中當過侍衛，與康熙的關係比較親近。正是由於這層關係，明珠仕途一帆風順，鼎盛時期官至兵部尚書。

吳三桂自請「撤藩」，朝中大臣多有慰留之意，而明珠附和康熙的意見，主張下旨「撤藩」，看看吳三桂敢不敢反。從此以後，康熙更是對明珠恩寵有加。

明珠得勢以後，與其最親密的走狗余國柱開始大肆賣官，中飽私囊。凡是各省的總督、巡撫、布政使、按察使等重要位置一有空缺，他們便向有意者大肆索賄，直到滿足他們的慾望為止。日子久了，明珠的財富也就堆積如山了。而且，明珠還進一步控制那些檢察官員，以箝制百官。他將所有新上任的檢察官員找來，令他們定下密約，答應所有向皇帝上的奏章，事先一定要先拿來讓他過目。

就這樣，明珠不僅得寵於皇上，控制百官，還控制著整個檢察機構，國家機構對他已沒有任何的約束力，一時權傾朝野。

寵臣太過，必然會危害朝廷。大智如康熙者，不曾明眼辨奸，實為憾事。等到明珠最終被人告發，康熙也僅僅是免了他的大學士之職，即便如此，康熙也很不忍心。過了不久，康熙又把他召來身邊，充任「內在臣」！

明珠若不是有康熙這棵大樹為他擋住烈日、擋住狂風、擋住暴雨，他早已是滿朝文武的眾矢之的，早已身首異處了。

雖然明珠這種盡全力來討好皇帝主子以欺上瞞下、為非作歹的行為很卑鄙、無恥，不值得宣揚，但是在人生中，如果自己一時勢單力薄、孤掌難鳴，不妨找棵大樹來依靠。如此，不僅能遮風擋雨，他人也會因「大樹」而力圖取悅於你，可免去許多求人之苦，其好處自不待言。

不過，做寄生者也需要些智慧，要做就要做「聰明」的寄生者。愚蠢的寄生者只懂得向寄主索取，這樣只會導致寄主受到損害，隨著而來的就是他自己也將面臨麻煩。如果他的貪得無厭導致寄主死亡，那情況就更糟，因為他自己也會因失去生存環境而滅亡。所以，如果要成功地「寄生」，你就必須對所寄生的人有用，必須要讓對方明白允許你「寄生」是值得的。

你一定熟悉可口可樂的瓶子，這個造型獨特的瓶子現在已經成了可口可樂的一部分。但其實，它就是一個「寄生」的結果。

一個年輕人走進可口可樂公司經營者的辦公室，向這些大老闆顯示他設計的飲料瓶。他介紹他的設計：優雅的曲線富有女性的嫵媚之美；收細的腰身正好適於手的抓握；而且最主要，是這種包裝可以節省飲料而又不會被消費者注意。為了使論點更有說服力，這位設計者還做了一個樣品當場演示。最後他成功了，可口可樂公司接受了這項設計。這是一個雙贏的結果，「寄主」和「寄生者」都獲得了他們想要的東西。

所以，如果你還不具備成功所需的卓越能力，如果你艱苦卓絕的毅力和征服一切的膽識尚且不夠，那麼要想成為傑出人士的話，就應該好好地考慮一下，下一步該怎麼走？不妨尋找一棵生命中的「大樹」，做一個暫時的「寄生者」，才能利用他的營養快速成長。

13

你必須學會獨立

職場大補帖

最本質的人性價值就是人的獨立性。在職場，任何人都不能成為靠山，你所能依靠的只有自己。

一個年輕人去國外旅遊，在盡情欣賞那富有異國氣息的城市風光後，他走進一間裝潢精美的餐館。坐在空無一物的餐桌旁，他等著有人拿菜單來為他點菜。但十分鐘過去，還沒看到一個侍者過來，他有點惱怒，這時，一個女孩端著滿滿的一盤食物過來坐在他對面。

他非常氣憤地抱怨起來，女孩奇怪地看著他，「難道你就一直這麼坐著等人上菜嗎？要知道，這裡可是一家自助餐廳。」年輕人這才看見不遠處有許多食物陳列在一張長長的餐台上，「別等了，想吃東西就得自己動手。」女孩對他說。

人生就像自助餐，不能坐等著別人來為你服務，照顧你，為你說明，「攙扶」著你走完坎坷的人生路。你所擁有的永恆不變資源就是自己，想要真正有所成就及擁有一段真正充實的人生，你只能放棄心中那不切實際的幻想，不要奢求別人會向你伸出援手，而是要自己動手、奮鬥，去為自己打拼一片美好的未來。

你必須學會愛惜、重視自己，無論你現在的境況怎麼樣。因為在你失敗時，能夠幫助你，使你重新獲得希望，看到光明的只有自己！

人生的旅途並非花團錦簇，坎坷磨難常常會讓你傷痕累累，但對生活的熱情不能就此冷卻，路還是得走下去。你應該給自己一份慰籍，給自己一份勇氣，跌到了自己爬起來。

有句名言叫「自助者天助。」那些真正的自助者是令人敬佩的覺悟者，他會藐視困難，而困難在他的面前也會令人奇怪地轟然倒地。

他們就像黑夜裡發光的螢火蟲，不僅會照亮自己，而且能贏得別人欣賞的目光。所有人都相信，一個真正的自助者，最終會實現他的成功，而所有幫助過他的人，也會為此感到欣慰。

其實，許多時候我們不是到了不可救藥的地步，而是自己先把自己打敗，認為自己不行了。假如現在你正處在一個不利的位置，那麼，請丟掉幻想，解救自己吧，這個世界錦上添花的總比雪中送炭的多，如果你從靈魂到肉體都是那樣的軟弱，你將被整個世界拋棄。

生命的戰場不是沒有同盟，只是這些盟友只能給你精神上的慰藉，幫你加油，使你自信。但一切賽程還是要靠你自己的力量去完成，不能完全依賴別人。許多從艱苦環境中奮鬥出來的人們，他們並不比別人多一些天賦，所多的也只是戰勝自己、堅強獨立的精神。即使你最終沒能到達彼岸，但只要曾經努力過，用自己的力量征服痛苦，渡過難關，那種感覺也是一種快樂。

既然人生的路只能依靠自己來完成，就必須練就一身闖蕩江湖的硬本領，不能心存僥倖、懈怠和投機取巧的心理。那些一味依賴別人、寄希望於所謂運氣的人，命運之神終將讓他一無所獲。

別人鋪好的路固然平坦，但少了一份堅信，少了一份拼搏的樂趣，少了一份奮鬥的甜蜜。一味的依賴別人就會迷失自己，一味依靠別人，你只能算是別人手中的拐杖，命運沒有掌握在自己的手中，這是多麼的可悲！

自己的路得自己走，自己的問題得自己去承擔，用自己的雙腳才能走向屬於自己的遠方。生命的藍圖上就像滿天的繁星，每個人都有自己的位置，挖掘出自己的潛能，開拓自己的智慧，不懈的求索，找到自己應有的位置，你就會領略到人生壯麗的風景！

14 欣賞別人其實也提高了自己

職場大補帖

欣賞別人，讓對方感到心情愉悅的同時，自己也會因此受益，收穫他人的好感，所以，用慧眼欣賞別人吧，你肯定別人的同時，也提高了自己的品味。

人人都有優點，或許沒有被發現，或許羞於啟齒。中國人的骨子裡多多少少地遺留著儒家的謙恭之氣，道家的不爭之德。表面上喜歡自我陶醉，孤芳自賞，其實心裡總是希望別人合理地把自己的「美」「揭發」，讓風采普照周圍。

當我們給予對方美好的欣賞時，簡言之，也就是我們增加對方的自信時，就等於我們創造了一個小小的奇蹟。把朝氣和能量輸入對方的體內，使對方精神高昂，也就是我們自我「充電」的時候，只要你由衷地欣賞一些人，每天你都能夠創造這種奇蹟。與此同時，你會在無意中發現，創造這種頻繁的奇蹟的只不過是幾句簡單的話語，幾個得體的手勢。

關於美好的奇蹟，那是我們生命裡的最高追求，但擺在眼前的就是生存問題，我們不得不進行一下過濾。舊的世俗人情在市場商品觀念的衝擊下，已經支離破碎了，鐵飯碗也打破了，不論你資歷深淺，學位高低，你可以最大限度地展現你的才能和個性，但不管能力有多大，每一項工作都離不開同事的幫助與使用，離不開上司與下屬的支持，那些處理好與同事關係的人，總是工作順利，那些不合群、自命清高的人註定要失敗。

其實，讚美別人、欣賞別人是很有效而且是很明智的做法。它像潤滑劑一樣可以融洽彼此的關係，消除心理上的隔膜，造成一種健康和諧的互動互利關係。要善於欣賞別人，從周圍的人身上獲取有效的資訊，學習他們的長處，力避自己犯同類的錯誤，還要懂積極地思考透徹的分析，從中找出最根本、最重要、最原則的東西，然後再制定對策，確定自己的目標，這才是一個完整的過程，才能最終從群體中脫穎而出做出出色的業績。

所以，不要總以記住的心態對待你的競爭對手，不妨換一個角度，換一種思維。想想看，假如你的競爭對手永遠跟在你後面，那麼這也意味著你永遠無法獲得晉升；假如你的競爭對手被你徹底消滅掉，那麼他對你的「威脅」也就無法構成，你的價值和個人努力的成果也將無從體現。所以，對手是一面鏡子，可以時時提醒自己，讓自己在失誤中反省，鞭策著你努力完美自我，超越自我。

儘管前面說過同事間的種種差異與利益的衝突，但物質利益的滿足不是我們的唯一追求，人在物質利益，名譽後面還需要適當的精神「潤滑劑」，這種需要對於每個人都是非常重要的，當同事之間關係不太好，或者你想增加你們的交流時，不妨試一下欣賞他人。

美國前總統雷根說過：「在我十四歲的時候，我的母親就告訴我說，千萬別忘了發現別人的長處，多說別人的好話。從此以後，我牢牢記著這句話，甚至在夢中也不忘讚美別人。」更重要的，欣賞別人，讓對方感到心情愉悅的同時，自己也會因此受益，收穫他人的好感，所以，用慧眼欣賞別人吧，你肯定別人的同時，也提高了自己的品味。

▶ 不做第一，只做唯一：最具魅力的職場特質！（讀品讀者回函卡）

■ 謝謝您購買這本書，請詳細填寫本卡各欄後寄回，我們每月將抽選一百名回函讀者寄出精美禮物，並享有生日當月購書優惠！
想知道更多更即時的消息，請搜尋"永續圖書粉絲團"

■ 您也可以使用傳真或是掃描圖檔寄回公司信箱，謝謝。
傳真電話：（02）8647-3660　　信箱：yungjiuh@ms45.hinet.net

◆ 姓名：＿＿＿＿＿＿＿＿＿＿　□男　□女　　□單身　□已婚

◆ 生日：＿＿＿＿＿＿＿＿＿＿　□非會員　　□已是會員

◆ E-mail：＿＿＿＿＿＿＿＿＿＿　電話：(　)＿＿＿＿＿

◆ 地址：＿＿＿＿＿＿＿＿＿＿＿＿＿＿＿＿＿＿＿＿

◆ 學歷：□高中以下　□專科或大學　□研究所以上　□其他＿＿＿＿

◆ 職業：□學生　□資訊　□製造　□行銷　□服務　□金融
□傳播　□公教　□軍警　□自由　□家管　□其他＿＿＿＿

◆ 閱讀嗜好：□兩性　□心理　□勵志　□傳記　□文學　□健康
□財經　□企管　□行銷　□休閒　□小說　□其他

◆ 您平均一年購書：□ 5本以下　□ 6～10本　□ 11～20本
□21～30本以下　□ 30本以上

◆ 購買此書的金額：＿＿＿＿＿＿＿＿

◆ 購自：□連鎖書店　□一般書局　□量販店　□超商　□書展
□郵購　□網路訂購　□其他

◆ 您購買此書的原因：□書名　□作者　□內容　□封面
□版面設計　□其他

◆ 建議改進：□內容　□封面　□版面設計　□其他＿＿＿＿＿＿

您的建議：

剪下後傳真、掃描或寄回至「22103新北市汐止區大同路三段194號9樓之1讀品文化收」

不做第一，只做唯一：最具魅力的職場特質！